崇文国学经典

菜根谭

李伟 评译

长江出版传媒｜崇文书局

图书在版编目（CIP）数据

菜根谭 / 李伟评译 . -- 武汉：崇文书局，2023.4
（崇文国学经典）
ISBN 978-7-5403-7232-3

Ⅰ . ①菜… Ⅱ . ①李… Ⅲ . ①个人－修养－中国－明
代②《菜根谭》－译文③《菜根谭》－注释 Ⅳ .
① B825

中国国家版本馆 CIP 数据核字（2023）第 054109 号

出 品 人　韩　敏
丛书统筹　李慧娟
责任编辑　程可嘉
责任校对　董　颖
装帧设计　甘淑媛
责任印制　李佳超

菜根谭
CAI GEN TAN

出版发行　长江出版传媒　崇文书局
地　　址　武汉市雄楚大街 268 号 C 座 11 层
电　　话　(027)87677133　邮政编码　430070
印　　刷　湖北新华印务有限公司
开　　本　880 mm×1230 mm　1/32
印　　张　8.375
字　　数　203 千
版　　次　2023 年 4 月第 1 版
印　　次　2023 年 4 月第 1 次印刷
定　　价　40.00 元

（如发现印装质量问题，影响阅读，由本社负责调换）

总　序

　　现代意义的"国学"概念,是在19世纪西学东渐的背景下,为了保存和弘扬中国优秀传统文化而提出来的。1935年,王缁尘在世界书局出版了《国学讲话》一书,第3页有这样一段说明:"庚子义和团一役以后,西洋势力益膨胀于中国,士人之研究西学者日益众,翻译西书者亦日益多,而哲学、伦理、政治诸说,皆异于旧有之学术。于是概称此种书籍曰'新学',而称固有之学术曰'旧学'矣。另一方面,不屑以旧学之名称我固有之学术,于是有发行杂志,名之曰《国粹学报》,以与西来之学术相抗。'国粹'之名随之而起。继则有识之士,以为中国固有之学术,未必尽为精粹也,于是将'保存国粹'之称,改为'整理国故',研究此项学术者称为'国故学'……"从"旧学"到"国故学",再到"国学",名称的改变意味着褒贬的不同,反映出身处内忧外患之中的近代诸多有识之士对中国优秀传统文化失落的忧思和希望民族振兴的宏大志愿。

　　从学术的角度看,国学的文献载体是经、史、子、集。崇文书局的这一套国学经典，就是从传统的经、史、子、集中精选出来的。属于经部的，如《诗经》《论语》《孟子》《周易》《大学》《中庸》《左传》；属于史部的，如《史记》《三国志》《资治通鉴》《徐霞客游记》；属于子部的，如《道德经》《庄子》《孙子兵法》《山海经》《黄帝内经》《世说新语》《茶经》《容斋随笔》；属于集部的，如《楚辞》《古诗十九首》《古文观止》。这套书内容丰富，而分量适中。一个希望对中国优秀传统文化有所了解的人，读了这些书，一般说来，犯常识性错误的可能性就很小了。

崇文书局之所以出版这套国学经典，不只是为了普及国学常识，更重要的目的是，希望有助于国民素质的提高。在国学教育中，有一种倾向需要警惕，即把中国优秀的传统文化"博物馆化"。"博物馆化"是20世纪中叶美国学者列文森在《儒教中国及其现代命运》中提出的一个术语。列文森认为，中国传统文化在很多方面已经被博物馆化了。虽然中国传统的经典依然有人阅读，但这已不属于他们了。"不属于他们"的意思是说，这些东西没有生命力，在社会上没有起到提升我们生活品格的作用。很多人阅读古代经典，就像参观埃及文物一样。考古发掘出来的珍贵文物，和我们的生命没有多大的关系，和我们的生活没有多大关系，这就叫作博物馆化。"博物馆化"的国学经典是没有现实生命力的。要让国学经典恢复生命力，有效的方法是使之成为生活的一部分。崇文书局之所以坚持经典普及的出版思路，深意在此，期待读者在阅读这些经典时，努力用经典来指导自己的内外生活，努力做一个有高尚的人格境界的人。

国学经典的普及，既是当下国民教育的需要，也是中华民族健康发展的需要。章太炎曾指出，了解本民族文化的过程就是一个接受爱国主义教育的过程："仆以为民族主义如稼穑然，要以史籍所载人物制度、地理风俗之类为之灌溉，则蔚然以兴矣。不然，徒知主义之可贵，而不知民族之可爱，吾恐其渐就萎黄也。"（《答铁铮》）优秀的传统文化中,那些与维护民族的生存、发展和社会进步密切相关的思想、感情,构成了一个民族的核心价值观。我们经常表彰"中国的脊梁",一个毋庸置疑的事实是,近代以前,"中国的脊梁"都是在传统的国学经典的熏陶下成长起来的。所以,读崇文书局的这一套国学经典普及读本,虽然不必正襟危坐,也不必总是花大块的时间,更不必像备考那样一字一句锱铢必较,但保持一种敬重的心态是完全必要的。

期待读者诸君喜欢这套书,期待读者诸君与这套书成为形影相随的朋友。

陈文新

(教育部长江学者特聘教授,武汉大学杰出教授)

前 言

　　《菜根谭》为明朝人洪应明所作。洪应明,字自诚,号还初道人,是一位久居山林的隐士。《菜根谭》的成书和刊行时间大约在万历中后期,此时的明朝已处于风雨飘摇之中,朝纲废弛,宦官专权,党祸横流,内忧外患不堪忍受。面对这种社会现实,有识之士的内心异常苦闷,无法从当时激烈的社会矛盾中解脱出来,于是他们就诉诸笔墨,以浇心中块垒。严格说来,《菜根谭》并不是一部有系统的、逻辑严密的学术著作,而是对人生立身处世经验的总结。

　　全书采用语录体的形式,分为上、下两卷,共360条。每条均由排比或对仗的短句组成,言简意赅,深入浅出,既便于理解,又易于诵读。

　　书中的处世警句来源丰富,既有作者自己的心得体会,又有从先哲格言、佛家禅语、古典名句、俗语谚语中演化而来的精彩文句,辞藻秀美,含义隽永,耐人寻味。

　　从内容上看,《菜根谭》涉及的范围极为广泛,几乎涵盖了人生所能遇到的一切重大问题,就如其原序中说的:"其间有持身语,有涉世语,有隐逸语,有显达语,有迁善语,有介节语,有仁语,有义语,有禅语,有趣语,有学道语,有见道语。"全书以道德修养为核心,把修身养性作为以不变应万变的基本原则,对世间万象作面面观,上至治国、平天下,下至个人修身、齐家,人们都能于此书中有所获益。

从书中反映出的作者思想而言,它不是单一的,而是儒、释、道三者的有机合一,其间既有儒家所强调的中庸之道、养心之说,又有佛家的四大皆空、慈悲为怀的思想,同时还有道家所倡导的清静无为、人法自然的观念。当然,以我们今天的眼光来看《菜根谭》,就会发现书中有些言论过于消极、颓废,不符合客观历史的发展规律,所以,我们要善于取其精华,弃其糟粕,要做到扬长避短、古为今用。

宋人汪革说:"人咬得菜根,则百事可做。"希望大家在咀嚼菜根的过程中能有所体味,心智有所提高。

本书扉页扫码 | 与大师共读国学经典

目录

上　卷

2

5

7

8

下　卷

11

13

上
卷

栖守道德　毋依阿权贵

【原文】

栖守道德者,寂寞一时;依阿权势者,凄凉万古。达人观物外之物,思身后之身,宁受一时之寂寞,毋取万古之凄凉。

【译文】

一个坚守仁义道德的人也许会受到一时的冷落,而一个趋炎附势、攀龙附凤的人却注定要遗臭万年。豁达知命的人所关注的是物欲之外的东西,思考的是身死之后的名节。因此,他们宁可忍受那暂时的寂寞,也不愿遭受被后世耻笑的万古凄凉。

【赏析】

人生在世,各有所求。目光短浅的人只图眼前快活,为了聚敛财富、窃取官位,不惜铤而走险,以致沦为阶下囚,为世人所不齿。也许他们曾经拥有过富贵荣华,享受过锦衣玉食的生活,但如果要以永世遭人唾弃为代价的话,那是得不偿失。所以,我们每一个人都要坚守自己的道德底线,做到无愧于心。

抱朴守拙　涉世之道

【原文】

涉世浅,点染亦浅;历事深,机械亦深。故君子与其练达,不若朴鲁;与其曲谨,不若疏狂。

【译文】

一个刚刚步入社会的人,受到不良风气的影响会相对少些,而一个阅历丰富、饱经世事的人，其城府世故也会与日俱增。因此，君子做人与其老练圆通，不如质朴鲁钝；与其曲意逢迎、谨小慎微，不如狂放不羁、纵性任情。

【赏析】

我们常为自己缺乏社会经验而苦恼，也经常嘲笑他人的幼稚。其实，所有的人生经验都是在付出一定代价之后获得的，人生就是一个有得有失的过程。换句话说，人生只在得失间。当我们为自己的老练而窃喜时，殊不知简单的快乐已离你而去；当你处于一个懵懂单纯的世界中的时候，也许有人正向你投以羡慕的眼光。所以，做人是一门学问，或方或圆都不可操之太急。

心地光明　才华韫藏

【原文】

君子之心事，天青日白，不可使人不知；君子之才华，玉韫珠藏，不可使人易知。

【译文】

有修养的君子不会刻意隐瞒自己的思想行为，他们做人就像青天白日一样光明磊落；相反，对于自己的才情，他们却从不故意卖弄，而是像珠玉一样含蓄蕴藉。

【赏析】

《论语·述而》曰："君子坦荡荡，小人长戚戚。"人与人之间的关系只有建立在诚信的基础上，才能变得融洽、和谐，才会促进整个社会的良性发展。如果人人都怀着二心，都藏着不可见人的秘密，那就会逐渐形成一种欺诈虚伪之风，离诚信渐行渐远。至于人的才华，应当是学以致用、可尽情施展的，但是在现实社会中不乏嫉贤妒能之人，所以，如果处在一个猜忌丛生的环境中,则不宜锋芒毕露、才华尽现。

出污泥不染　明机巧不用

【原文】

势利纷华,不近者为洁,近之而不染者为尤洁;智械机巧,不知者为高,知之而不用者为尤高。

【译文】

面对名利权势的诱惑,不卷入其中的人是高洁之士,卷入其中却不为所动、依然保持自我的人是高洁之士中的佼佼者;不去玩弄计谋、耍弄奸巧手段的人是道德高尚之士,知道这一切而弃之不用的人则更胜一筹。

【赏析】

人们常说:难得糊涂,糊涂难得。"糊涂"其实是一种人生修行的境界,"不近者"与"不知者"都是才入"糊涂"之门的人。真正的糊涂是无欲无求、洁身自好。所谓"蓬生麻中,不扶而直",高人虽然眼见得人间机巧,身处势利纷华,却能够平心静气,取舍自如。所以说,世上并不缺少聪慧的人,但要做到真正"糊涂"却难上加难。

闻逆耳言　怀拂心事

【原文】

耳中常闻逆耳之言,心中常有拂心之事,才是进德修行的砥石。若言言悦耳,事事快心,便把此生埋在鸩毒中矣。

【译文】

耳边常常听到不顺意的话语,心里常常装着不称心的事情,只有这样,才能够增进道德品行的修养。如果听到的每句话都中听,遇见的每件事都顺心,那么人的一生就会葬送在鸩酒般的毒药中了。

【赏析】

常言道:"良药苦口利于病,忠言逆耳利于行。"人之常情是遇到爽心顺意之事就窃喜,遭受挫折与打击就黯然神伤、一蹶不振。殊不知,"失败乃成功之母"。爱迪生发明灯泡之前进行了很多次实验,任何一次实验的放弃都有可能中止这项发明。但他并没有被接二连三的失败所击退,而是化压力为动力,从中吸取经验教训,最终成就了这项举世闻名的发明创造。这个耳熟能详的故事告诉我们:失败并不可怕,可怕的是人们把它视为洪水猛兽,其实只要换个角度看太阳,就不会灼伤你的双眼了。

和气致祥　喜神多瑞

【原文】

疾风怒雨,禽鸟戚戚;霁日光风,草木欣欣。可见天地不可一日无和气,人心不可一日无喜神。

【译文】

狂风暴雨会令飞禽走兽感到忧伤和恐惧,风清日朗则会令花草树木焕发勃勃生机。由此可见,天地间不可一日没有这种祥和安宁之气,人的心中不可一日没有喜乐之情。

【赏析】

古语有云:"人逢喜事精神爽。"舒畅的心情是保持身体健康的关键因素。心情好了,就会觉得生活里到处都充满了阳光,仿佛万事如意。同时,这种好心情又会感染他人,进而有助于整个社会的和谐安宁。反之,灰暗的心情于人于己都不利。古人早就说过:"富润屋,德润身,心广体胖。"畅适的心情归根结底离不开个人的日常道德修养。

真味是淡　至人如常

【原文】

酰肥辛甘非真味，真味只是淡；神奇卓异非至人，
至人只是常。

【译文】

美酒佳肴并不是真正的美味，真正的美味蕴含在清淡平和之中。特
立独行和卓尔不群的人并非是最了不起的人，真正了不起的人是平凡而
又普通的人。

【赏析】

人们常谓，只有童心才是世界上最真实纯洁的东西，正所谓"清水出
芙蓉，天然去雕饰"。这二者突出的都是同一个主题：自然见真性。无论
是日常饮食，还是为人处事，只要按照其自然本性来操作，就会在平淡的
菜肴中品出无穷韵味，就会在平凡的日常生活中发现奇迹。有时候，浓
墨重彩、刻意营求所得并非心之所属，所谓平平淡淡才是真。至于我们
常说的至人神功，并不是指他们做出特立独行、惊天动地的大事，使人折
服的只是他们的一言一行、举手投足。

闲时吃紧　忙里悠闲

【原文】

天地寂然不动，而气机无息少停；日月昼夜奔驰，
而贞明万古不易。故君子闲时要有吃紧的心思，忙处
要有悠闲的趣味。

虽然天地看起来悄无声息、毫无动静,但其间阴阳之气的变化却从来没有停止过;太阳和月亮不分昼夜地运转,但它们带来的光明却是亘古如一的。由此可知,有道德、有修养的君子在空闲时要存有几分紧迫感,而在忙碌的时候又不要忘记悠闲的乐趣。

【赏析】

一个懂得生活和工作的人应当学会张弛有度。一味地紧张忙碌就会忽略人生种种悠闲之趣,陷入身心疲惫之中;反之,一味地享受安逸也是不可取的,所谓"忧劳可以兴国,逸豫可以亡身"。沉溺在享乐之中会使人的进取斗志在空虚寂寞的时光中逐渐消磨殆尽,具有极大的危害性。合理的生活应当是二者的有机结合,偏颇任何一方都达不到理想的效果。

静坐观心　真妄毕现

【原文】

夜深人静,独坐观心,始觉妄穷而真独露,每于此中得大机趣;既觉真现而妄难逃,又于此中得大惭忸。

【译文】

夜深人静之时,独自省察自己的内心,才发现所有的妄念都已消失殆尽,真正的本性得以显露,此时,才能领悟到人生的真谛。然而,我们马上又意识到,虽然自己的本真得到一时流露,但私心杂念还是难以根除,这又让我们感到莫大的惭愧。

【赏析】

夜深人静,一杯清茶,一盏孤灯,一张桌椅,一个未眠人,在这样的情境中往往使人有意想不到的收获。斯时斯境容易令人思索人生,反省内心,令人于猛然间发现一个真实的自我,由此而悟出许多机趣。但这恰恰又会使我们为曾经有过的私心杂念而懊悔。由此看来,即使是偶尔片刻的心灵慰藉对我们而言也是极其宝贵的。

得意早回头　拂心莫停手

【原文】

恩里由来生害,故快意时须早回头;败后或反成功,故拂心处莫便放手。

【译文】

恩情深重之中往往潜伏着祸患,因此,在春风得意之时要及早抽身;遭遇挫折失败之后或许反能迎来成功,所以在不顺心的时候不要轻易放弃追求。

【赏析】

古语云:“人无千日好,花无百日红。”春风得意、飞黄腾达时,要适可而止、急流勇退。否则,树大招风,祸患快矣。又有一句俗语叫作:“有心栽花花不开,无心插柳柳成荫。”在苦心经营、努力寻觅而无所得的时候,“蓦然回首,那人却在灯火阑珊处”,也许这时我们会庆幸当时的坚持。

志从淡泊来　节在肥甘丧

【原文】

藜口苋肠者,多冰清玉洁;衮衣玉食者,甘婢膝奴颜。盖志以淡泊明,而节从肥甘丧也。

　　乐于粗茶淡饭的人，其品行也具有冰清玉洁的气质；崇尚华服美食的人，甘于奴颜婢膝、阿谀奉承。或许从人的淡泊无求中就可看出他的高远志向，同样，人的高尚节操也可能在物质欲望的推动下逐步丧失。

【赏析】

　　诸葛亮有云："非淡泊无以明志，非宁静无以致远。"一味追求华服美食的人容易被物欲名利所诱惑，从而在不知不觉中丧失了对自己品性的修炼。而甘于淡泊、清心寡欲的人，因为内心清净，所以能够静下心来修身养性，达到无欲则刚的境界。

田地放宽　恩泽流久

【原文】

　　面前的田地要放得宽，使人无不平之叹；身后的惠泽要流得长，使人有不匮之思。

【译文】

　　为人处世，要尽量做到胸襟开阔、豁达宽广，这样才不会使人心存怨恨。身死之后的恩惠，要能够流传很久，这样才会使后人怀有无穷的思念之情。

【赏析】

　　曾经看到一则故事：在一间规模不大、灯光昏暗的快餐店里，一位年轻人和一位老年人相邻而坐。年轻人的目光似乎漫不经心，但他的心思却一刻也没有离开过老人放在桌上的手机。果然，当老人侧身点烟的时候，年轻人的手迅速而敏捷地伸向了手机，将它装进了自己的上衣口袋，试图离开。老人转过身来，发现手机不见了，身体微微颤抖了一下，随即又平静下来。此时的年轻人已走向门口，老人也似乎有所明白了。于是，他走向门口，对年轻人说："小伙子，请等一下。我刚才不小心把自己的手机掉到地上了，我眼花得厉害，你能不能帮我找一下？"年轻人擦了一把额头上的汗，对老人说："您别急，我来帮您找。"结果可想而知，年轻人蹲下身子，在地上转了一圈之后，把手机给"找"了回来。有目击者问老人，为何没有报警。老人说："报警同样能够找回手机，但是我在找回手机的同时，也将失去一样比手机要宝贵千倍万倍的东西，那就是——宽容。"读至此，我们不禁深感老人的心胸之宽广，其宽容之举警醒了一个误入歧途的青年，可能因此改写青年的一生。所以，为人处世应当要能够包容别人的缺点和过失，只有这样才会使人心悦诚服，留下好口碑。

路留一步　味减三分

【原文】

径路窄处，留一步与人行；滋味浓的，减三分让人嗜。此是涉世一极安乐法。

【译文】

在路面狭窄的地方，要留点余地让别人通行；逢到滋味甘美的东西，要分与他人品尝。这是人们安身立命、获得快乐的最好方法。

【赏析】

做人要学会与人分享：把自己的欢乐与人共享，就使别人也获得了快乐的滋味；把自己的痛苦倾吐出来，就减少了痛苦的分量。人在得意之时，不要飞扬跋扈、盛气凌人。世事浮沉，难免总会有"龙游浅水遭虾戏，虎落平阳被犬欺"的一天，到时悔之晚矣。

脱俗成名　减欲入圣

【原文】

做人无甚高远事业,摆脱得俗情,便入名流;为学
无甚增益功夫,减除得物累,便超圣境。

【译文】

做人并不一定要立下什么丰功伟绩,只要能摆脱世俗名利的束缚,
就可成为有名望的人;做学问没有什么秘诀,能除却物欲杂念的干扰,就
可以达到至高无上的境界。

【赏析】

世人以为只有立下盖世奇功,创下丰功伟绩,才能成为声名显赫之
人,于是孜孜以求、百般钻营。事实上,任何人只要能除去心中的各种欲
念,就可进入超凡脱俗的境界,成为真正与众不同的人。同理,做学问没
有任何捷径可走。那些大儒圣贤之所以能修成正果,全都得益于他们心
中有一方净土,能让他们安心读书,不为所动。总而言之,只要能除却物
欲牵累,无论是做人还是做学问,都可以达到上乘境界。

侠心交友　素心做人

【原文】

交友须带三分侠气,做人要存一点素心。

【译文】

与朋友交往要带有几分侠肝义胆的气概,为人处事要保持心地纯朴。

【赏析】

古人曰:"士为知己者死。""死",也许太过极端,抑或许可说成"为

朋友两肋插刀"。无论如何,至少有一点我们应当明白,那就是与朋友交往要肝胆相照、互相扶持,只有这种以心换心的朋友才能在患难处见真情。为人处事固然需要圆通灵活,但如果时时处处曲意逢迎、弄虚作假,不仅令人身心疲惫,也会完全丧失做人的真趣。保持一颗朴实无华的心才是做人的本分。

利毋居前　德毋落后

【原文】

宠利毋居人前,德业毋落人后;受享毋逾分外,修为毋减分中。

【译文】

追名逐利不要抢在别人前面,进德修业不要落在别人后头;享受逸乐不要超出本分,修身养性不要降低应达到的标准。

【赏析】

世人都有一股不甘人后、争强好胜的劲头,如果能够区别对待,有所侧重的话,就会收到更好的效果。就功名利禄、安闲逸乐而言,我们应当以退为进,争夺之心每减少一分,就使自己的德行修炼增加一分。何乐而不为呢?

忍让为高　利人利己

【原文】

处世让一步为高,退步即进步的张本;待人宽一分是福,利人实利己的根基。

【译文】

为人处世,懂得退让才是高明,退一步是为了方便以后更好地进一步;待人接物能大度宽容即是为自己修来的福分,便利他人就为便利自己打下了基础。

【赏析】

世谓:"忍得一时之气,免得百日之忧。"又谓:"忍一时风平浪静,退一步海阔天空。"许多令人追悔莫及的事情都发生在气焰难平的一瞬间,因而造成终身遗憾。要做到忍让为先,就要做到宽容为怀。只有心胸豁达之人,才能保持心平气和,才能理智地处理事情,这样于人于己都有益。

矜则无功　悔可减过

【原文】

盖世功劳,当不得一个"矜"字;弥天罪过,当不得一个"悔"字。

【译文】

一个人即使立下了盖世奇功,也不可矜骄自傲,否则只会祸及自身;一个人即使犯下了弥天大罪,如果有心悔改的话,他还是可取的。

【赏析】

古语道:"自矜其智非智也,谦让之智斯为大智;自矜其勇非勇也,谦让之勇斯为大勇。"任何骄傲自大的行为都会把那些浅薄无知的人带进满足与狂妄的大门,使人变得不思进取、无所作为。而一个曾经犯下弥天大罪的人若知悔改也并非陷入了万劫不复的境地。所谓"浪子回头金不换",只要改过自新,以实际行动来证明自己,就会重新为社会所接纳。

美名不独享 责任不推脱

【原文】

完名美节,不宜独任,分些与人,可以远害全身;辱行污名,不宜全推,引些归己,可以韬光养德。

【译文】

完美的名誉和节操不要一个人独自占有,如果与他人分享的话,就可以远离祸害、保全自身。耻辱的行为和恶名不要全部推到别人身上,如果能主动承担一些责任,就有利于收敛锋芒、修身养性。

【赏析】

美名与恶名如何取舍,并不是每个人都了然于心。对于美好的声名,世人趋之若鹜,唯恐不能独占;对于不好的声名,世人如避蚊蝇,唯恐躲闪不及。其实,美好的声名不是靠独占就能永久享用的,只有与他人分享,才能于无形中增进自己的品德修养,达到以德服人的目的。推脱责任并不能保全自己的声名,不如主动承担一些责任,以杜绝他人的攻击与诘难。因此,凡事都要把握分寸,才能做到进退自如。

功名不求盈满 做人恰到好处

【原文】

事事留个有余不尽的意思,便造物不能忌我,鬼神不能损我。若业必求满,功必求盈者,不生内变,必召外忧。

【译文】

做事要留有余地,因此,哪怕是万能的造物主也不会对我有所嫉妒,即使是鬼神也不能加害于我。如果事事都做到尽善尽美,求取功名也要达到极致,那么即便不发生内乱,也会招致外来的侵害。

【赏析】

天道之常,月盈而亏,水满则溢。凡事必求圆满,并不一定就是最好的结局,往往会物极必反。无论是求取功名,还是成就事业,如果想事事都占得先机、称心遂愿,就容易招致小人的妒忌与不满,甚至因此酿成祸患。这样一来,不仅所有的心血都付诸东流,还要承受各种打击与折磨。由此可见,把握分寸、恰到好处,才是为人处世的法则。

诚心和气　胜于观心

【原文】

家庭有个真佛,日用有种真道。人能诚心和气,愉色婉言,使父母兄弟间形骸两释,意气交流,胜于调息观心万倍矣!

【译文】

每个家庭中的成员都应该有一个共同的信仰,日常生活中都应当遵循一定的规矩和原则。如果人人都能做到诚心实意、和颜悦色的话,父母兄弟间的隔阂就会自然消失,彼此都会坦诚相待,其乐融融,这样就远远胜过枯坐打禅、观心内省。

【赏析】

修身、齐家、治国、平天下是古代仁人志士追求的理想境界。由家而国乃至天下,最终的根基都有赖于修身。正是“天下兴亡,匹夫有责”,每一个天下人都有义务进德修业。只有潜心修炼,做到诚心实意,才能使家庭中的每一位成员融洽相处、坦诚以待。而家庭作为组成社会机体的基本单元,其所作所为和社会运转息息相关。由此而论,真心诚意地做人是关乎天地间的大事。

云止水中　动静适宜

【原文】

好动者,云电风灯;嗜寂者,死灰槁木。须定云止水中,有鸢飞鱼跃气象,才是有道的心体。

【译文】

生性好动的人就像云中的闪电一样踪迹无寻,像风中的残灯一样飘忽不定;生性喜静的人就像熄灭的灰烬和枯死的树木一般毫无生机、死气沉沉。最可取的人应该像静止的云中高飞的鸢鸟,平静的水池里跳跃的鱼儿,达到这种境界才是真正符合道体的处世心学。

【赏析】

"静若处子,动若脱兔"是对一个人礼仪举止的最美好形容。不论是动还是静,都是人生所不可或缺的。但是,如果一动起来就惊天动地,人尽皆知;一静下来就心如死灰,一团沉寂,就会有失偏颇,走入极端。所以,最理想的境界应当是动静结合。

责恶勿太严　教善勿太高

【原文】

攻人之恶毋太严,要思其堪受;教人以善毋过高,当使其可从。

【译文】

指责别人的过错不要过于严厉,要考虑到别人是否能承受得住;教导别人做善事不能要求过高,应当顾及别人是否能做得到。

无论是指责别人的过失,还是劝人为善,都要注意策略与技巧。如果对别人的指责过于苛刻直接,也许会过犹不及。所以,即便是出自善意,也要顾及对方的承受能力,应当动之以情、晓之以理,而不宜采取简单粗暴的方式。除了婉转的言辞外,还要考虑到对方是否能达到我们的期望值。如果脱离实际、好高骛远,只会徒劳无功,因而我们要讲究循序渐进。

洁常自污出　明每从晦生

【原文】

　　粪虫至秽,变为蝉而饮露于秋风;腐草无光,化为萤而耀采于夏月。固知洁常自污出,明每从晦生也。

【译文】

　　粪土中的虫子是最为肮脏的东西,可当它蜕变为蝉后,它就只吸食秋风中的甘露了;霉腐的草堆是毫无光彩可言的,但从中孕育出的萤火虫却在夏夜的月光下泛出点点光芒。因此,我们应当知道最污秽的东西中往往孕育着最洁净的东西,最黑暗的时候也预示着最光明的时刻即将到来。

【赏析】

　　哲学上有关于绝对和相对的命题,任何一种事物都不是绝对的,在某种外因的作用下,相对的双方可发生质的变化。因此,人们不要悲戚于黎明前的黑暗,因为这预示着最光明的时刻即将到来。当我们看到成功人物风光满面时,不要徒生艳羡之情,所谓"临渊羡鱼,不如退而结网"。试想,他们一路上洒下了多少辛勤的血汗?成功不是一蹴而就的,是厚积薄发的结果。洁净与污秽、光明与黑暗之间并没有明显的界限,只要条件合适，它们都有可能互相转化。

伸张正气　再现真心

【原文】

矜高倨傲，无非客气，降伏得客气下，而后正气伸；
情欲意识，尽属妄心，消杀得妄心尽，而后真心现。

【译文】

骄傲自满、盛气凌人，无非就是心中的狂妄之气没有消除，只要消除了这股狂妄之气，心中的浩然正气就自然能够得以舒展。人的七情六欲都是私心杂念在作祟，如果能摒除这些东西，人的真实本性就自然呈现出来了。

【赏析】

人体之气即是正气与客气的此长彼消，当正气居于优势之时，就会有英雄人物的横空出世，人们就会呈现出一种正直无私、刚直不阿的精神面貌。而当冲动任性、骄傲自满这些客气居于上位之时，人就会变得冥顽不化、刚愎自用。只有用正气压服了客气，才能使人的浩然正气得以舒展。同样，真心与妄心同时盘踞在人体之内，然而世人往往被七情六欲、物质金钱所迷惑，却不知人的自然天性被这层"情欲意识"所遮蔽，只要能除去这层障碍，就会妄心消失、真心展露了。

事悟痴除　性定动正

【原文】

饱后思味，则浓淡之境都消；色后思淫，则男女之见尽绝。故人常以事后之悔悟，破临事之痴迷，则性定而动无不正。

【译文】

酒足饭饱之后再去回味刚才的美味佳肴,则消除了享受种种佳肴的欲念;床笫之欢过后,则打消了心中所有的淫欲之念。因此,人们常常在事情发生之后才幡然悔悟,而这种及时的醒悟有助于人们在处理事情的时候保持清醒的头脑,然后可以做到性情安定,一举一动无不中规中矩。

【赏析】

俗话说:"吃一堑,长一智。"如果在遭受挫折之后能有所悔悟,从中总结经验,那么人们就会在屡次的失败中逐步成长、成熟。当心性磨炼到一定境界的时候,其所作所为就会自然从真心本性出发,而不至于有任何后顾之忧。

志在林泉　胸怀廊庙

【原文】

居轩冕之中,不可无山林的气味;处林泉之下,须要怀廊庙的经纶。

【译文】

虽然身处朝廷,享受俸禄,但人的心中还要保持一份淡泊隐逸的情怀。虽然归隐山林清泉之中,但人的心中不可缺少经世济国的雄才伟略。

【赏析】

无论是出仕,还是归隐,都出自传统士大夫对国家、对社会的一种责任感。对在朝为官的人而言,如果终日被政务缠身,就会有处在樊笼里的感觉,就会生出"羁鸟恋旧林,池鱼思故渊"的感叹。然而,只要心中有那份山林闲适之趣,就会使身心相得益彰。假如一味沉醉在个人的休闲隐逸中,置国家和社会于不顾,就容易沦为个人主义,只有二者兼顾,才能达到完美无憾的境界。

无过是功　无怨是德

【原文】

处世不必邀功,无过便是功;与人不求感德,无怨便是德。

【译文】

为人处世不要去邀功请赏,没有过错便是最大的功劳了。与人交往不要奢求别人对你感恩戴德,只要没人对你心怀怨恨就是对你最大的回报了。

【赏析】

世人都痴迷于功名利禄的搏杀,待到峨冠博带之时,已经遍体鳞伤、过失累累了,反而得不偿失。世人常有施恩于人的好善之举,并且从不图任何回报,在这种淡定之举中人们已经不知不觉培养了最为宝贵的高尚品德。

忧勤勿过　待人勿枯

【原文】

忧勤是美德,太苦则无以适性怡情;淡泊是高风,太枯则无以济人利物。

【译文】

操劳忧心固然是一种美德,但过分辛苦就不利于陶冶性情。清心寡欲本是高风亮节,但走向极端就无益于社会大众了。

【赏析】

　　传统的中庸之道讲究不偏不倚、过犹不及,我们应当取其精华,融会贯通。勤于劳作历来是被人们称颂的美德,然而殚精竭虑、劳形损骨,却又令人生失去了应有的恬淡之趣,是不可取的。甘于淡泊固然是一种高尚的人生境界,但是如果因此而变得漠然无情则是曲解了淡泊之意,走向了另一个极端。

原其初心　观其末路

【原文】

　　　　事穷势蹙之人,当原其初心;功成行满之士,要观其末路。

【译文】

　　对于一个穷途末路、潦倒不堪的人,我们应当推究其最初本心;对于飞黄腾达、功成名就之士,我们要观察他在今后的道路上能否保持晚节。

【赏析】

　　李清照有诗云:"生当作人杰,死亦为鬼雄。至今思项羽,不肯过江东。"虽然项羽最终没能问鼎王位,但在很多人的心中,他被视为"失败的英雄",意即虽败犹荣。这就表明,看一个人的成败得失不能单纯地以结果而论。那些为达到目的不择手段而取得成功的人不仅不会令我们羡慕、赞叹,反而会令我们为其行为感到不齿;而那些在追求成功的道路上孜孜以求、积极进取的人即使暂时没有获得成功,也丝毫不会影响人们对他的肯定。

富贵宜厚　智宜敛藏

【原文】

富贵家宜宽厚而反忌刻,是富贵而贫贱其行矣,如何能享?聪明人宜敛藏而反炫耀,是聪明而愚懵其病矣,如何不败?

【译文】

富贵之家应该宽厚仁慈,如果待人刻薄挑剔,那其行为就和贫贱无知的人没有两样了,这怎么能够长久享受福祉呢?聪慧能干的人要懂得收敛才华、不露锋芒,如果故意卖弄、炫耀,那其行为就愚昧可笑了,哪有不失败的道理?

【赏析】

老子认为:"天之道,损有余而补不足。"富贵之家应当接济贫穷之人,多行善举,否则即是违背天道,而他们的富贵,充其量也不过是物质上的富有,在精神上是赤贫的。大至一个社会,小至一个家庭,都应当把物质文明和精神文明并举,才会长享幸福。古语云:"大智若愚。"越是缺知少识的人越容易骄傲,而越是知识丰富的人越是谦逊。因为真正有智慧、有学问的人就像饱满的麦穗一样,愈是饱满的麦穗愈是谦逊地低垂着头,不露锋芒。

登高思危　少言勿躁

【原文】

居卑而后知登高之为危,处晦而后知向明之太露,守静而后知好动之过劳,养默而后知多言之为躁。

【译文】

居低处之后才知道向高处攀爬的危险性;在黑暗的地方待过之后才发觉明亮的光线过于耀眼;经历了宁静平和的日子才会发现四处奔波劳顿之辛苦;习惯了沉默寡言就会觉出多说话是急躁的表现。

【赏析】

韬光养晦和锋芒毕露是两种截然不同的处世之道,而卑与高、晦与明、静与动、默与躁则正是它们各自的具体表现。世人只有经历了这两种处世之方的对比之后,才能发现其优劣之别。锋芒毕露带给人的是劳心劳力、訾怨丛生,而韬光养晦却使人平心静气,磨炼品性。

放得功名　即可脱俗

【原文】

放得功名富贵之心下,便可脱凡;放得道德仁义之心下,才可入圣。

【译文】

能抛却功名利禄之心就可成为脱俗绝尘之人,不刻意强调仁义道德之心才可达到超凡入圣的境界。

【赏析】

超凡入圣被视为难以企及的人生妙境,其实不然。只要能抛弃争名夺利之心,摒弃以道德仁义做幌子的虚情假意,就能使人的真实本性得以任意舒展、无拘无束。这种游刃有余的人生难道不似神仙般逍遥自在吗?

偏见害人　聪明障道

【原文】

利欲未尽害心,意见乃害心之蟊贼;声色未必障道,聪明乃障道之藩屏。

【译文】

名利和欲望未必就是使心灵受到毒害的全部因由,意气用事、刚愎自用才是戕害心灵的罪魁祸首;靡乐美色不一定妨害人的道德品质修养,自以为是、目空一切才是阻碍进德的最大绊脚石。

【赏析】

客观存在的事物是不以人的意志为转移的,但这并不意味着我们就要任其摆布。相反,人的主观意志可以对客观事物进行取舍、避让。然而有些在财色面前折腰屈膝、丧失人格,甚至因此而锒铛入狱的人却只是一味诅咒财色,丝毫未曾意识到这是源于自己的意志力薄弱。归根结底,人心才是所有的症结所在。俗话说得好:"酒不醉人人自醉,色不迷人人自迷。"只要心中没有一点杂念,就能做到无欲则刚,任何东西也不能左右我心。反之,一念之欲不能制,而祸流于滔天。

知退一步　加让三分

【原文】

人情反复,世路崎岖。行不去处,须知退一步之法;行得去处,务加让三分之功。

【译文】

世态炎凉,人情冷暖,人生的道路上到处充满了坎坷与艰辛。不能继续前行的时候,要懂得避让之理;即使是在能够走得通的地方,也务必要谦让三分。

【赏析】

有一天,狂风刮断了大树。大树看见弱小的芦苇没受一点损伤,便问芦苇:"为什么我这么粗壮都被风刮断了,而纤细、软弱的你却什么事也没有呢?"芦苇回答说:"我们感觉到自己的软弱无力,便低下头给风让路,避免了狂风的冲击;你们却仗着自己的粗壮有力拼命抵抗,结果被狂风刮断了。"虽然这只是一则寓言,但是它和我们人类是多么相似啊!人生一世,不外乎"进退"二字。在无路可走之时,遇到风险之时,退让也许比硬顶更加安全。如果执意向前冲,就有可能一叶障目,错过整片森林。而在春风得意、一帆风顺之时,要懂得收敛锋芒,尽量做到谦让,这样才不至于招致怨恨与祸患,才有机会在日后的道路上越走越宽。

不恶小人　有礼君子

【原文】

待小人,不难于严,而难于不恶;待君子,不难于恭,而难于有礼。

【译文】

严厉地去对待不肖小人并不是件难事,难的是不去憎恶他。恭敬地对待品德高尚的君子并非难事,难的是能做到谦逊有礼。

【赏析】

严厉地批评和指责小人的过失是一件很容易的事,难的是要用一颗包容的心去对待他们。如果只是一味地憎恶他们,而不考虑用自己的仁爱与谅解去感化他们,那么小人不仅不会有所改变,反而会因自尊心受到伤害而更加沉沦。对待君子要做到恭敬顺从十分容易,但是只有做到谦逊有节,才不至于流于谄媚。

正气清名　留于乾坤

【原文】

　　宁守浑噩而黜聪明,留些正气还天地;宁谢纷华而甘淡泊,遗个清名在乾坤。

【译文】

　　做人宁可坚守那份质朴无华,摒弃那些聪明圆滑,以便能存一些浩然正气于天地间;做人宁可抛弃所有的富贵繁华,而甘于平淡无求,以便能流芳百世于朗朗乾坤间。

【赏析】

　　只有抱朴守拙才能断绝物欲名利之心,由此而留得满腔浩然正气。否则,一味地卖弄小聪明,只会使人陷入愚昧之中,走向失败。与其在势利纷繁的红尘中摸爬滚打,不如清心寡欲、怡情养性、保全真心,做一个自然的真我。

降魔先降心　驭横先驭气

【原文】

　　降魔者先降自心,心伏则群魔退听;驭横者先驭此气,气平则外横不侵。

【译文】

　　想要驱除邪魔,首先就要去除自己的心魔,内心没有一丝杂念可存,那么所有的邪魔就会不攻自退。要想抵制住各种侵害,首先就要把握自己的不安之心,只有控制了自己心浮气躁的情绪,外来侵害才不会得逞。

【赏析】

每个人心中都潜伏着一个心魔,它驱使我们产生各种非分之想,做出各种乖戾之事。因此,人生最大的挑战不是超越别人,而是超越自我。只要能够降伏各自的心魔,做到内心畅通无阻,就能从容行事。

教育子弟　要严交游

【原文】

教弟子如养闺女,最要严出入,谨交游。若一接近匪人,是清净田中下一不净种子,便终身难植嘉禾矣!

【译文】

教育子弟就像教养深闺中的女子一样,要严格要求其日常生活起居,密切关注其交友情况。一旦不小心结交了品行败坏的小人,就好比在肥沃的田地中播下了一颗不良种子,永远都长不出好的庄稼。

【赏析】

"近朱者赤,近墨者黑。"孟母三迁的故事充分说明了客观环境对人的影响作用。孔子说:"三人行,必有我师焉。"凡交友,一定要能互相促进、互相帮助,使各自有所增益。否则,一不小心结交滥友,就会使自己在不知不觉中走向堕落,滑入罪恶的深渊,后果无法想象。为人师者,一定要对子弟从严要求,谨慎对待其交友活动。

欲路勿染　理路勿退

【原文】

欲路上事,毋乐其便而姑为染指,一染指便深入万

仞;理路上事,毋惮其难而稍为退步,一退步便远隔
千山。

【译文】

欲念方面的事,不要贪其便利而轻易染指,一旦卷入其中就不觉堕
入了万丈深渊;义理方面的事,不要畏惧其艰难而退缩,稍退一步就与真
理相隔万水千山了。

【赏析】

俗话说:"一失足成千古恨。"小时偷针若不悔过,就有可能发展到
大时偷金。针虽细小,金虽可贵,但偷窃的本质实无二致。各种贪欲妄
念不以大小而论,即一出现,就当消灭,否则遗患无穷。爱迪生曾说过:
"我始终不愿抛弃我的奋斗生活,我极端重视奋斗得来的经验,尤其是战
胜困难后所得到的愉快。一个人要先经过困难,然后踏进顺境,才觉得
受用、舒适。"在追求真理的道路上,虽说会有荆棘遍野,但也不可轻言放
弃,因为这种消极的念头只会削弱人的斗志,让人丧失信心。总之,人之
进德修业要有所为、有所不为。

不可浓艳　不可枯寂

【原文】

念头浓者自待厚,待人亦厚,处处皆浓;念头淡者
自待薄,待人亦薄,事事皆淡。故君子居常嗜好,不可
太浓艳,亦不宜太枯寂。

【译文】

情感丰富、心胸豁达的人不仅能厚待自己,也能厚待他人,处处都讲
究物丰用足、气派豪华;枯槁无欲的人不仅待自己刻薄,对别人也很刻
薄,对待任何事情都表现得冷漠无情。所以,有德行的君子对于日常之

喜好既不要太过沉迷、追求豪奢，又不宜刻薄吝啬、心如死灰。

【赏析】

对于日常生活用度要把握一定的分寸，既不可过分追求奢华，也不宜极度省俭节约。前者容易困于物质的诱惑，迷失生活的本质。后者容易导致刻薄成性，心肠硬冷。健康合理的生活应以朴实无华为本，既不流于奢侈，又不陷入俭苛。

超越天地　不入名利

【原文】

彼富我仁，彼爵我义，君子固不为君相所牢笼；人定胜天，志一动气，君子亦不受造物之陶铸。

【译文】

别人崇尚富贵，我注重仁德；别人崇尚爵位，我注重礼仪。正人君子不会被功名利禄所束缚。天道酬勤，人的力量一定能够战胜天命。只要意志坚定，竭尽所能，即使是万能的造物主也不能对君子有所控制。

【赏析】

"天下熙熙，皆为利来；天下攘攘，皆为利往。"世俗之人为功名利禄所役使，终日疲于奔命，不觉中丧失了做人的自然真趣。只有淡泊名利之人才能享受到人生天地间的宝贵自由。即便是大自然有巨大无穷的造化之功，只要君子以仁义道德行于天下，那么连造物主也不能对其有所束缚了。保持人格独立是超越天地之外的根本。

高一步立身　退一步处世

【原文】

立身不高一步立，如尘里振衣，泥中濯足，如何超达？处世不退一步处,如飞蛾投烛,羝羊触藩,如何安乐?

【译文】

安身立命如果不站在一个较高的境界,就如同在灰尘中抖动衣服,在泥水中清洗双脚,怎么可能有所超脱呢?为人处世如果不能退一步着想,就会像飞蛾扑火、羚羊用角抵藩篱一样,弄得进退两难,怎么可能会有安乐的生活呢?

【赏析】

人们常说:"志当存高远。"只有树立了远大的理想,才能鼓舞人们朝着这个奋斗目标不断努力向前,提高自身修养,增加学问知识。否则,如果只为一些蝇头小利而百般钻营,就会使人变得卑琐不堪,斗志全无。人生在世还要懂得退让之理。"尺蠖之屈,以求信也;龙蛇之蛰,以存身也。"退让并不意味着妥协,只是为了养精蓄锐、待机而发。

修德忘名　读书深心

【原文】

学者要收拾精神,并归一路。如修德而留意于事功名誉,必无实诣;读书而寄兴于吟咏风雅,定不深心。

【译文】

真正做学问的人要能把各种涣散的精神集于一体,专心致力于学问研究。如果在修养德行的时候还念念不忘功名利禄,那么他在学问上必定不会真正有所造诣。如果只把读书当作附庸风雅、卖弄才情的手段,那么他所学到的东西肯定不会切实深入其内心。

【赏析】

无论是修炼道德,还是钻研学问,都要专心致志、心无旁骛。假使读书只为附庸风雅,那么这种私心杂念必定会对人有所阻碍,终不能达到最高造诣。如果读书是从自然天性出发,就会进入一种"好鸟枝头亦朋友,落花水面皆文章"的境界,生活中的任何点滴都能令人有所领悟。

一念之差　失之千里

【原文】

人人有个大慈悲,维摩屠刽无二心也;处处有种真趣味,金屋茅檐非两地也。只是欲蔽情封,当面错过,便咫尺千里矣。

【译文】

人人都有以慈悲为怀的心肠,维摩居士和屠夫刽子手并没有不同。世间之大,无处不隐藏着一种真正的乐趣,雕梁画栋和茅檐瓦舍并没有两样。只是人们会被七情六欲的妄念蒙蔽本性,以至于不经意间已经和真趣味背道而驰了。

【赏析】

真理与谬误之间其实只有一步之遥,世人常常由于一念之差而贻误终身,实为可叹。人之初,性本善。只要不为七情六欲、物质名利所扰乱心智,无论是穷人还是富人,无论是得道高僧还是凡夫俗子,都能体味到同样的人生真趣,其自然本性都会尽情流露。

有木石心　具云水趣

【原文】

进德修道,要个木石的念头,若一有欣羡,便趋欲

境;济世经邦,要段云水的趣味,若一有贪着,便堕
危机。

【译文】

修养道德、磨炼心性,要具有木石般坚定不移的意志,如果还垂涎于富贵荣华和功名利禄,就容易堕入物质欲望的深渊。治理国家、匡扶大义,要存有一种行云流水般的情怀,一有贪念杂生就会陷入重重危机。

【赏析】

修身养性、独善其身,必须要具有坚定的意志,否则,稍有放松,就会为物欲名利所诱惑,走向堕落。尤其是那些经世济国之才更加不能没有淡定的情怀,否则,一有贪欲缠身,就会自取灭亡,甚至祸国殃民、后患无穷。

善人和气　恶人杀气

【原文】

吉人无论作用安详,即梦寐神魂,无非和气;凶人无论行事狠戾,即声音笑语,浑是杀机。

【译文】

善良的人不仅日常行为举止从容不迫,即使是处于睡梦中,脸上也呈现出一派温和之气;凶险的人不仅行为暴虐残忍,即使是在他的欢声笑语中也充满了杀机。

【赏析】

俗话说:"相由心生,相随心灭。"无论人的音容笑貌、言行举止是和善还是凶恶,都是其内心活动的一种反映。所以,在平时与人的交往中要善于观察别人表情动作的细节,由此判定其是良师还是滥友。

君子无祸　勿罪冥冥

【原文】

肝受病,则目不能视;肾受病,则耳不能听。病受于人所不见,必发于人所共见。故君子欲无得罪于昭昭,先无得罪于冥冥。

【译文】

肝脏如果患病就会有损于视力;肾脏如果患病就会有损于听力。虽然病变之后的肝脏和肾脏是人们肉眼所不能见到的,但其体现在外部的病症却是人人都能见到的。因此,君子要想不在青天白日下显出自己的过失,首先就要在无人处也不容许自己犯下任何过失。

【赏析】

"万事劝人休瞒昧,举头三尺有神明。"无论掩盖得多么严实的罪恶勾当都会有暴露的一天,任何抱侥幸心理做坏事的人都会受到应有的惩罚。正所谓:"若要人不知,除非己莫为。"为了完善个人品德,我们尤其应当强调"慎独"的功夫,无论处在哪种环境之中都要克己尽善,保持胸怀磊落。

多心为祸　少事为福

【原文】

福莫福于少事,祸莫祸于多心。唯苦事者,方知少事之为福;唯平心者,始知多心之为祸。

【译文】

人生之福莫过于少管闲事,人生之祸莫过于多怀异心。只有苦于俗事缠身的人才会真正了解无事一身轻所带来的福气;只有心静如水的人才知道心机过重容易招致祸害。

【赏析】

多一事不如少一事,多事是辛劳之源,包揽的事情越多,就越容易感到力不从心,也就越容易出乱子。同时,一个人的精力有限,既然要到处撒网,平均用力,就难以做到重点突出,有所建树,往往收效甚微。多心是是非之根,猜忌多疑是为人处世的大忌,正是"疑鬼鬼现,疑贼贼随"。对人对事多存猜疑之心,不仅不利于结交朋友,还会影响到工作中的安定团结,百害而无一利。因此,要相信自己,同时要相信别人。一个光明磊落的人自然于人于事无愧,既无需怀疑别人,也不怕别人怀疑。而小人则不然,心眼又小,疑心又重,所以是非不断。

当方则方　当圆则圆

【原文】

处治世宜方,处乱世宜圆,处叔季之世当方圆并用;待善人宜宽,待恶人宜严,待庸众之人当宽严互存。

【译文】

处于太平盛世之时做人应当刚正不阿,处于混乱之世时为人应当圆通机灵,处于末世将衰的时候,要刚直与圆滑并用;对待善良之人要宽厚仁爱,对待坏人要严厉苛刻,对待平庸无奇的百姓大众要宽爱与严厉并用。

【赏析】

进化论强调适者生存,当环境不能为我所改变之时,就要竭力地使自己去适应环境,这样才不会被时代所淘汰。世人都知"识时务者为俊杰",处世之法不外乎刚正不阿与圆滑灵通,是二者取其一,还是二者并用,当视具体环境而定,这样才能做到明哲保身。待人也应该要有忠奸善恶之分,就像雷锋所说的那样,"对待同志要像春天般的温暖,对待敌人要像严冬一样残酷无情"。

忘功念过　忘怨念恩

【原文】

　　我有功于人不可念,而过则不可不念;人有恩于我不可忘,而怨则不可不忘。

【译文】

　　虽然我有功于人却不可念念在心,而对自己所犯下的过失则不能轻易忘记;别人对我有恩,千万不要抛之脑后,而对于别人所产生的怨恨则不能不忘记。

【赏析】

　　尘世间的是非功过、恩怨情仇纷繁复杂,搅扰人心,是悉数铭记于心,还是统统抛之脑后,我们应当要有所考虑。如果自己对别人有所恩惠的话,切不可念念在心,计较回报,否则,只会加重自己的名利之心,妨碍自己的道德修养。相反,别人对自己的恩情当"滴水之恩,涌泉相报",要做一个知恩图报的人。对于自己犯下的过失不可一笔带过,要时刻以此为鉴,鞭策自己改过自新,不断进步。但是,对于别人心中对自己所存的怨恨之气则要学会尽快化解,忘掉别人对自己的怨恨之后,才会感到如释重负,心情舒畅,既有利于工作,又有利于生活。

施之不求　求之无功

【原文】

　　施恩者,内不见己,外不见人,则斗粟可当万钟之惠;利物者,计己之施,责人之报,虽百镒难成一文之功。

【译文】

向别人施与恩惠的时候,既没有考虑过索要回报,也没有思量过要扬名显节,那么即使只是施舍了一斗米,也可当作给予了别人万钟粟的恩惠。一个以财物帮助别人的人,如果计较对他人的给予,而要求别人回报他,那么即使是付出万两黄金,也难有一文钱的功德。

【赏析】

"千里送鹅毛,礼轻情义重。"出自内心的真情实意是任何财宝都无法替代的。就我们对别人的帮助而言,只要是发自肺腑,哪怕是一饭一蔬,也会令人感激涕零。而如果用锦衣玉食去救济别人只是为了沽名钓誉,博取善名,终会为世人所不齿。

相观对治　方便法门

【原文】

人之际遇,有齐有不齐,而能使己独齐乎? 己之情理,有顺有不顺,而能使人皆顺乎? 以此相观对治,亦是一方便之门。

【译文】

人生的遭际既有幸运又有坎坷,怎么可能要求自己事事都顺利呢? 人的心情有舒畅愉悦的时候,也有苦闷烦躁的时候,怎么可能偏偏要求别人总是心平气和呢? 用这种道理来反观自身,省察内心,未尝不是一个修养德行的好方法。

【赏析】

常言道:"前人骑马我骑驴,后面还有推车的。"为人处世要善于妙用相观对治之法。在自己失意落魄之时,想想这世界上还有比自己更不幸的人,连他们都在坚强地活着,自己有什么理由向命运低头呢? 在自己称心如意之时,也不要过于骄傲,因为有许多盛极而衰的例子在耳边敲响警钟,愈发提醒自己要保持冷静。所以,世人应当学会推己及人,将心比心,这样才能做到心胸豁达,不至于钻入死胡同。

心地干净　方可学古

【原文】

　　心地干净,方可读书学古。不然,见一善行,窃以济私;闻一善言,假以覆短,是又借寇兵而赍盗粮矣。

【译文】

　　心灵纯洁无瑕,才可研读古圣贤之书。否则,看到一件古人所做的好事就私下作为自己的见解,或者听到一句美好的话语就借用过来掩饰自己的缺点,这种行为简直就是借兵器给敌人,又送粮食给盗贼。

【赏析】

　　古语有云:"可怜的才人薄命,可怕的文人无行。"一个有知识有学问的人如果品德败坏的话,其带来的祸患与恶果要甚于常人。我们常说学以致用,是要能够运用所学的东西来创造物质财富和精神财富。而有些人却倚仗自己的所学所能去做各种罪恶勾当。对此,人们既感痛恨,又觉惋惜。总而言之,无论学习任何知识,都要心术端正、目的明确。

崇俭养廉　守拙全真

【原文】

　　奢者富而不足,何如俭者贫而有余? 能者劳而府怨,何如拙者逸而全真?

【译文】

穷奢极欲的人再富有,也会觉得钱不够用,哪里比得上勤俭持家的人尽管清贫却不失有余呢?能干的人虽然辛勤劳作,但却容易招致他人的怨怒,哪里比得上笨拙的人尽管无所事事,但却保持了纯真的本性呢?

【赏析】

所谓这山看着那山高,人的欲望似乎是个无底洞,永远没有尽头。与其马不停蹄地追逐下去,不如稍作停歇,也许你会发现,原来此处的风景是如此雅致迷人。只有知足常乐,才能做到心平气和,才有利于身心健康。在工作岗位上,常常是能者多劳,这样不仅容易出现闪失,还容易招致他人的不满。因此,与其冲锋陷阵,不如退而将息,多让出一些机会给别人,这样才会收到更好的效果。

学以致用　立业种德

【原文】

　　读书不见圣贤,为铅椠佣;居官不爱子民,为衣冠盗;讲学不尚躬行,为口头禅;立业不思种德,为眼前花。

【译文】

研读圣贤之书如果只知道一味地死记硬背而不能把握其中的思想精髓,充其量也不过是个刻书匠而已;身居官位而不爱护黎民百姓,那就相当于一个穿着官服戴着官帽的强盗;传授学问却不注重身体力行,就好比一个只知道念经打坐却不懂得佛理经义的和尚;建功立业之后而不思量修养品德,那就会如同昙花一现,光彩转瞬即逝。

【赏析】

人们常常混淆目的与手段的关系,大多数情况下,人们都把手段当

39

成了目的。譬如,为读书而读书就是忽视了读书的目的是从中汲取养分,做到以古鉴今、古为今用;做官不是为了做官,其目的是要能为百姓谋取福利。只有先弄清楚了目的与手段的关系,才能为了正确的目标而前进,不至于偏离人生的健康方向。

扫除外物　直觅本来

【原文】

人心有一部真文章,都被残编断简封锢了;有一部真鼓吹,都被妖歌艳舞淹没了。学者须扫除外物,直觅本来,才有个真受用。

【译文】

人人心中都有一部美妙绝伦的华彩篇章,只是被一些残词断句蒙蔽了;人人心中都有一首婉转动听的优美乐曲,只是被一些妖冶的舞乐淹没了。所以,真正做学问的人必须扫除外物,求得自然本性,才能切实享受到做学问的乐趣。

【赏析】

人人都有一颗求真务实之心,只是被物欲所利诱,被声色犬马所蒙蔽。真正想做学问的人必须拨开重重迷雾,穿越种种阻碍,所谓:"天将降大任于斯人也,必先苦其心志,劳其筋骨,饿其体肤,空乏其身,行拂乱其所为,所以动心忍性,曾益其所不能。"只有经过心性磨炼之后,面对功名利禄才能无动于衷,才会一心一意研究学问,有所心得。

苦中有乐　得意生悲

【原文】

苦心中,常得悦心之趣;得意时,便生失意之悲。

在苦心探索的道路上,会有一种期冀成功的喜悦;在春风得意之时,会萌生一种巅峰过后的失落情绪。

【赏析】

"塞翁失马,焉知非福。"人生就是一个福祸相依的过程,晴空万里忽然间就乌云密布,愁容满面转眼间就笑逐颜开。既然人生如此捉摸不定、不可预测,我们就更应该坦然面对。在得意之时,不要回避失意的可能。即使是在艰苦的环境中也要笑对人生,要相信总有否极泰来的一天。只有具备了这份宠辱不惊的情怀,才能在起伏不定的人生中游刃有余。

富贵名誉 来自道德

【原文】

富贵名誉,自道德来者,如山林中花,自是舒徐繁衍;自功业来者,如盆槛中花,便有迁徙废兴;若以权力得者,如瓶钵中花,其根不植,其萎可立而待矣。

【译文】

富贵荣华和声名显誉如果是通过道德修养而得来的,那就会像山林中的花草般吸食天地精华而自然繁盛蔓延;如果是通过建功立业而得来的,那就会像植在花盆中的花草般有枯荣兴衰;如果是通过手中的权力得来的,那就会像养在瓶钵中的花草,没有扎根于土壤,它的凋谢枯萎也就指日可待了。

【赏析】

虽然富贵名誉是人之所羡,但"君子爱财,取之有道""不义而富且贵,于我如浮云"。只有通过自身的道德积累,通过正当途径获取的财富才会让人感到心安理得,才可长久享用。

花铺好色　人行好事

【原文】

春至时和,花尚铺一段好色,鸟且啭几句好音。士君子幸列头角,复遇温饱,不思立好言,行好事,虽是在世百年,恰似未生一日。

【译文】

春回大地,日暖风清,花儿把大地装点得焕然一新,姹紫嫣红,鸟儿发出了婉转动听的鸣叫。士君子有幸能够身居高位,又不为温饱所苦,如果不考虑好好地著书立说,多行善事,那么即使是活在世上一百年也等于行尸走肉,活得没有任何意义。

【赏析】

每一位公民都有义务为祖国为社会贡献自己的绵薄之力。尤其是有学问有才能的人更应该以身作则,树立榜样,为社会公众起到表率作用,否则就是空有一副好皮囊,这和行尸走肉有什么区别?因此,每个人都应该充分发挥自己的光和热,最大限度地实现自己的生命价值,这样的人生才有意义。

兢业的心思　潇洒的趣味

【原文】

学者有段兢业的心思,又要有段潇洒的趣味。若一味敛束清苦,是有秋杀无春生,何以发育万物?

【译文】

做学问的人既要有兢兢业业、努力钻研的干劲，又要有不拘小节、潇洒大度的气质。如果只是一味压抑自己，过着清苦敛束的生活，那就好比秋天一样萧瑟凄凉，觅不到一点儿生机盎然的春天的气息，怎么可能让天地万物蓬勃生长、自然发育呢？

【赏析】

做学问要劳逸结合，如果整天愁眉不展、紧绷神经，不仅不利于提高学习效率，而且妨害身心健康，最终得不偿失。在为学的过程中既要有刻苦钻研、努力奋进的精神，还要懂得适当放松、自我调剂，唯此才能有益于增进学问。

立名者贪　用术者拙

【原文】

真廉无廉名，立名者正所以为贪；大巧无巧术，用术者乃所以为拙。

【译文】

真正廉洁的人不一定廉名在外，只有贪图声名的人才会处心积虑地去树立声名；有大智慧的人不会玩弄机巧心术，只有本来就很拙劣的人才会以此来掩饰自己，反而欲盖弥彰。

【赏析】

人世间有许多事是不可强求的，沽名钓誉之人往往费尽心思博取声名，最终却被人看穿，遭人耻笑。俗话说"有麝自然香，何必当风立"，真正有大智慧的人是含蓄内敛的，只有那些卖弄小聪明的人才会投机取巧、刻意营求，结果反而会弄巧成拙。

宁虚勿溢　宁缺勿全

【原文】

　　欹器以满覆,扑满以空全。故君子宁居无,不居有;宁处缺,不处完。

【译文】

　　汲水的陶罐因为装满了水才会倾倒,存钱的瓦罐因为腹中空无一物才得以保其完整。所以,品德高尚的君子宁愿与世无争,也不愿身处有争有为的场合。在日常生活中宁愿有所欠缺,也不强求过分完美。

【赏析】

　　一个过分追求完美的人容易钻入牛角尖,甚至导致虚荣心膨胀,陷入名利纷争的旋涡中。拥有得越多就越觉得不满足,就越发去争取,这样只会引来别人的嫉恨,然后就离祸患不远了。所以,为人处世宁可低调一些,也不要过分张扬,否则只会祸及自身。

拔去名根　融化客气

【原文】

　　名根未拔者,纵轻千乘,甘一瓢,总堕尘情;客气未融者,虽泽四海,利万世,终为剩技。

【译文】

　　如果追名逐利的念头没有去除的话,即使是蔑视拥有千骑之乘的富贵荣华,甘于箪食瓢饮的清贫生活,也终究不能抵制世俗名利的诱惑。如果不能把心里的虚伪之气消融殆尽,即使他的恩惠遍及各地、流传万世,也不过是细枝末节而已。

哲学上强调透过现象看本质,观察事物,体察人心,尤其要注意这一点。有些人虽然过着清贫困苦的生活,但是他们心中的名利之心并未根除,所以还要提防他们有卷入诱惑的一天。伪诈之心没有消除的人,尽管遍施恩惠、泽被四海,也只不过是他们欺世盗名的伎俩而已。

心体光明　暗室青天

【原文】

心体光明,暗室中有青天;念头暗昧,白日下有厉鬼。

【译文】

一个光明磊落的人即使身处黑暗无人的地方,也如同站在青天白日下一样胸怀坦荡。如果一个人心怀鬼胎、邪念丛生,那么即使是在光天化日之下,也仿佛有挥之不去的厉鬼缠身。

【赏析】

做人要光明磊落才能以心换心,获得真诚相待的朋友。不仅如此,一个胸无芥蒂的人可以比别人过得更加轻松自在,而一个心怀鬼胎、满脑邪念的人终日疑神疑鬼,过着寝食难安的日子。两相对照,高下自明,只有坦荡为人,才能为心灵求得一方净土。

无名无位　无忧无虑

【原文】

人知名位为乐,不知无名无位之乐为最真;人知饥寒为忧,不知不饥不寒之忧为更甚。

人人只知道拥有了名声和地位就等于拥有了快乐，其实他们不知道没有名利之累才是真正的快乐；人人都为吃不饱穿不暖而忧虑不安，殊不知，饥寒之外的困扰才是最令人忧愁的。

【赏析】

《伊索寓言》载："鹅与鹤一起在田野上觅食。突然猎人们来了，轻盈的鹤很快飞走了。身体沉重的鹅没来得及飞，就被捉住了。"这个故事告诉人们：一无所有的人无牵无挂反而落得一身轻松；而那些拥有万贯家财的人却因其富有而背上了沉重的负担。然而，富贵贫贱这四个字历来又有几人能看透呢？世人皆羡慕朱门子弟衣食无忧的日子，殊不知，富人终日为钱财过多而紧张担心，官员终日因位高权重而局促不安，他们的忧虑没有一日消停过。而贫贱之人的福气恰恰就在于事少心闲。虽然只有粗茶淡饭可相依，但却乐得逍遥，与其饱受精神折磨，不如享受自在人生。

畏恶犹善　显善即恶

【原文】

　　　为恶而畏人知，恶中犹有善路；为善而急人知，善处即是恶根。

【译文】

做了坏事而怕别人知道，说明其人还有羞耻之心，还有成为善人的可能；做了善事而其目的却是急于张扬，那他在行善的同时也埋下了罪恶的根源。

【赏析】

"人谁无过？过而能改，善莫大焉。"且不说改过自新，更有甚者，做了坏事还刻意隐瞒，长此以往，为恶者就会抱着侥幸心理继续为恶。其实，做了坏事而怕别人知道，就表示还有一丝羞耻之心，还心存悔改之意，就迈出了向善的一步，连老天也会宽恕他、谅解他。而行善之举本是出自真心实意，不图回报，若是动机不纯，以此来博取美名，那也就在不觉中向罪恶靠拢了。

居安思危　天亦无用

【原文】

天之机缄不测，抑而伸，伸而抑，皆是播弄英雄，颠倒豪杰处。君子只是逆来顺受，居安思危，天亦无所用其伎俩矣。

【译文】

上天造物弄人从来都是难以预测的，她主宰着人的沉浮进退。不论是让人飞黄腾达，还是使人穷困潦倒，都是对英雄的有意磨炼和播弄。真正的君子绝不怨天尤人，只是默默承受、居安思危，那么即使是老天也拿他没有办法了。

【赏析】

世事变幻，转瞬风云，如果在反复无常的命运面前时时都硬碰硬，也许会撞得头破血流。不如偶尔改变一下策略，顺应天命，以作缓兵之计，或许在某一天就会有所突破。

偏激之人　难建功业

【原文】

躁性者火炽，遇物则焚；寡恩者冰清，逢物必杀；凝

47

滞固执者,如死水腐木,生机已绝,俱难建功业而延福祉。

【译文】

性格急躁的人肝火旺盛,一遇到事情就使出火爆性子,像烈焰燃烧一样;刻薄寡恩的人心如冰块般阴冷,遇到他的人都会被他的残酷无情所伤害;固执己见、墨守成规的人就如死水般毫无生机。以上三种人都很难成就功名事业,难以为子孙后代留下福祉。

【赏析】

急躁、刻薄、顽固这三种偏激行为都是妨碍人们建功立业、获取幸福的绊脚石。无论是在工作还是在生活中,我们都要尽量保持一种平和的心态,和善地对待周围的同事、朋友。人际关系处理得好,会令人心情愉悦,工作有劲。"欲速则不达",在躁动不安的情绪下,人们难以做出正确的决策,难以积极稳妥地开展各项工作,反而贻误时机。冥顽不化则会使人变得刚愎自用、一意孤行,最终落得一败涂地。我们要努力克服种种过激行为,达到中正平和之境,这才是人生成功的不二法则。

愉快求福　去怨避祸

【原文】

福不可徼,养喜神以为招福之本而已;祸不可避,去杀机以为远祸之方而已。

【译文】

人之福分是不可强求的,保持乐观的心态才是招纳福分的根本所在;祸患是难以逃避的,只有排除内心隐藏的杀机,才是远离祸害、保全自身的良策。

【赏析】

虽说"天有不测风云,人有旦夕祸福",但这并不意味着人在福祸面前就束手无策。只要保持愉悦的心情,多行善举,就会善有善报,得到上天的眷顾。而祸患既然不可以杜绝,我们就首先从自身做起,做到宽宏大量,减少怨恨,至少可以在一定程度上减缓灾祸的发生。

宁默毋躁　宁拙毋巧

【原文】

十语九中未必称奇,一语不中则愆尤骈集;十谋九成未必归功,一谋不成则訾议丛兴。君子所以宁默毋躁,宁拙毋巧。

【译文】

十句话有九句话说得中听,也未必能得到别人的称赞,只要有一句话说得不中听,就会马上招致他人的非议;十次计谋有九次获得成功,人们也未必会将功劳归功于你,但如果有一次计谋失败的话,接二连三的苛责就会直奔你而来。所以,君子宁可沉默寡言,也不要浮躁多言;宁可笨拙鲁钝,也不要故作聪明。

【赏析】

俗话说:"是非只因多开口,烦恼皆为多出头。"人之常情是扬恶隐善,只要一词一句不如人意,就会有人铭记于心,埋下祸患的种子。而无论一个人是多么老谋深算、十拿九稳,只要有一次失误,就有可能成为他人的话柄。这些经验告诉我们,与其处处逞强耀能,不如含蓄内敛,从而远离祸害、保全自身。

热心之人　其福亦厚

【原文】

天地之气,暖则生,寒则杀。故性气清冷者,受享亦凉薄。唯和气热心之人,其福亦厚,其泽亦长。

【译文】

天气温暖的时候就能孕生万物,天气寒冷的时候就会扼杀生灵。与此同理,生性孤傲、冷漠刻薄的人得到的回报也只能是凄凉的。只有心平气和、乐于助人的人才会得到丰厚的回报,他带给后世的福分也会绵延流长。

【赏析】

古语有云:"种瓜得瓜,种豆得豆。"一个冷漠无情的人与一个热心助人的人,他们的付出与回报是相应的。前者刻薄寡恩、心气孤傲,因此,在他落难的时候,也鲜有人来关怀与问候,一派凄凉景象;而后者却是乐于助人、慈悲为怀,当他有所需求的时候,就会有无数受过他恩遇的人伸出援助之手,与他共渡难关,这种人生之福是浓厚而绵长的。

天理路广　人欲路窄

【原文】

天理路上甚宽,稍游心,胸中便觉广大宏朗;人欲路上甚窄,才寄迹,眼前俱是荆棘泥涂。

【译文】

追求自然真理的道路是宽广明亮的,稍微用心于此,就会觉得豁然开朗、坦荡开怀;囿于个人欲望的世界中,就会觉得前行的道路越来越窄,一步入此中,就已看到荆棘丛生、泥泞遍野。

【赏析】

人生之路,宽窄有别。有的人沉迷于物欲名利的追逐之中,终日曲意逢迎,战战兢兢,如履薄冰。这种患得患失的人只会令心路越走越窄,陷入此中,无力自拔。如果能够跳脱名利场,转而探求人生的自然真理,就会在心有所得中发现人生之境原来如此广袤无垠、奥妙无穷,徜徉其中,会使人豁然开朗。

磨炼福久　参勘知真

【原文】

一苦一乐相磨炼,练极而成福者,其福始久;一疑一信相参勘,勘极而成知者,其知始真。

【译文】

在充满悲苦与欢乐的人生中磨炼自己,练至极处就会成为有福之人,以此修来的福分是绵长的。在考察事物的过程中,既不能深信不疑,又不能捕风捉影,应当要持有一种质疑精神,考察到极处所得到的智慧才是真正的大智慧。

【赏析】

一帆风顺的人生虽然看似完美,却无法使人获得经验,变得成熟。只有在苦乐交加的人生中品尝到了各种滋味,磨炼了心性,才能锻造出弘毅的品格、坚定的意志,才能够坦然面对人生的风风雨雨。如此,人生的幸福就可以自我掌控。在治学方面,应该要有怀疑精神。孔子说:"学而不思则罔,思而不学则殆。"一方面,我们要努力学习书本知识,懂得如何借鉴已有的经验；另一方面，我们又要善于思考，善于提出疑问。在古代欧洲，亚里士多德和托勒密主张地心学说，认为地球是静止不动的，其他的星体都围着地球这一宇宙中心旋转。这个学说与基督教《圣经》中关于天堂、人间、地狱的说法刚好吻合，处于统治地位的教廷便竭力支持地心学说，使得该学说长期居于统治地位。但是，波兰天文学家尼古拉·哥白尼却以惊人的才华和勇气揭开了宇宙的秘密，提出了"日心地动说"的理论，奠定了近代天文学的基础。如果没有哥白尼的大胆质疑，也许真理还要继续被掩藏若干年。所以，做学问既要合理取用前人成果，又要保持敏锐的头脑，对已有成果进行甄别。

虚心明义理　实心却物欲

【原文】

　　心不可不虚，虚则义理来居；心不可不实，实则物欲不入。

【译文】

　　做人要谦虚有怀，这样才能真正地将义理融会于心；做人要诚心实意，这样才能抵制物欲利益的诱惑。

【赏析】

　　"满招损，谦受益。"为人谦虚有怀才能做到从谏如流、兼容并蓄。所谓"兼听则明，偏信则暗"，接受别人的劝告就是接受别人的思想，这样才能取长补短、查漏补缺，以达到自我的完善。做人既要虚怀若谷，又要诚心实意。一个"实"字就意味着心中充满了真情实感，没有任何的私心杂念可以介入。如果能够做到虚实结合，那么人生也就无所遗憾了。

宽宏大量　胸能容物

【原文】

　　地之秽者多生物,水之清者常无鱼。故君子当存含垢纳污之量,不可持好洁独行之操。

【译文】

　　越是污秽的地方越能催生万物,越是清澈的水潭越看不到鱼儿的踪影。所以,真正品德高尚的君子要有能藏污纳垢的宽广胸怀,要能够容忍和宽恕他人的过失,不可只为保全自身操守而孤高冷漠。

【赏析】

　　“水至清则无鱼,人至察则无徒。”一个真正有德行的君子既能够独善其身,又不乏宽宏大量、能容忍他人过失的博大胸怀。这样既有助于君子的品性磨炼,同时又在不知不觉中感化了犯下过失的人,使双方的品德在潜移默化中有所提升。那种洁身自好却气量狭小、漠视他人的人终归不过是伪君子而已。

多病未羞　无病是忧

【原文】

　　泛驾之马可就驰驱,跃冶之金终归型范。只一优游不振,便终身无个进步。白沙云:“为人多病未足羞,一生无病是吾忧。”真确论也。

【译文】

　　性情凶悍、难以驯服的马匹只要训练有素、驾驭得法,最终可以供人在原野上飞奔驰骋；飞溅到熔炉外的金属溶液终究还是被人注入模具中，锻造成可供使用的器具。一个人如果只知道吃喝玩乐、游手好闲，就会一辈子无所作为，丧失进取之心。明代学者陈献章说："一个人有很多毛病并不是可耻的事情，只有那些一生都没有意识到自己毛病的人才是最令人担忧的。"这真是一句至理名言。

【赏析】

爱因斯坦做小板凳的故事大家一定不会感到陌生，虽然他在做第一次、第二次的时候遭到了同学们的嘲笑，但是如果他就此打住或放弃，这个故事也就不会有存在的价值了。在为成功奋斗的路途中，我们都曾有过咿呀学语般的体验，也曾有过摔跤跌倒的经历，但这恰恰成为日后我们有所作为的练兵场。如果因为害怕过失和错误而不敢尝试、畏首畏尾，就只会陷入一蹶不振当中，终日游手好闲，导致祸患。

一念之贪　坏了一生

【原文】

人只一念贪私，便销刚为柔，塞智为昏，变恩为惨，染洁为污，坏了一生人品。故古人以不贪为宝，所以度越一世。

【译文】

贪图私欲的念头会使人由刚毅变得懦弱，由理智变得昏庸，由仁慈变得残忍，由高洁变得污浊，由此而败坏了一生的品行。所以，古人把没有贪欲之念当作最宝贵的品质，因此能达到超凡脱俗的境界。

【赏析】

《左传》记载了一个故事：春秋时期，宋人送子罕一块宝玉，子罕不接受,说:"我以不贪为宝,尔以玉为宝,若以与我,皆丧宝也,不若人有其宝。"古人认为心无贪欲就是自己最宝贵的东西。只要有一丝贪欲闪现,就有可能动摇人的意志,为了填平欲壑而奴颜婢膝、丧失气节。人一旦为物欲所左右,就会变得利令智昏。大象因为有牙齿而遭受杀身之祸,只因为它的牙齿就是财物。由此可知,占有得越多也越容易招致祸害,世人应当以此为戒。

心中亮堂　不受诱惑

【原文】

耳目见闻为外贼,情欲意识为内贼。只是主人翁惺惺不昧,独坐中堂,贼便化为家人矣。

【译文】

耳朵所听到的美妙之音,眼睛所见到的种种美色,这些诱惑都属于外来的侵害;心中的情感冲动和无法满足的各种欲望,这些才是人内心中潜藏的邪念。无论是外界诱惑,还是内在妄念,只要自己能够保持警觉清醒,恪守做人的原则,那么所有这些内外之害皆能转换为锻造品格的好帮手了。

【赏析】

俗话说:"去山中贼易,去心中贼难。"所有的灯红酒绿、纸醉金迷都只是一种外在的诱惑,并不是内心根深蒂固的污秽。最为可怕的是从心底滋生出来的情欲意识和贪念妄想,要根除这些意念就必须敢于和自己的灵魂做斗争。只要经过了心性的磨炼,铸就了坚定的意志,就可以做到"兵来将挡,水来土掩"。无论外界诱惑如何肆虐,只要能固守住自己的精神家园就可以高枕无忧了。

保已成业　防将来非

【原文】

图未就之功，不如保已成之业；悔既往之失，不如防将来之非。

【译文】

与其苦心经营还未成功的事业，不如安心保持已取得的功业；与其对犯下的过失追悔莫及，不如将心思放在如何防止再次发生过失这上面。

【赏析】

有些人喜欢杞人忧天，有些人爱做黄粱美梦，还有人常常亡羊补牢，他们的意识都停留在过去或将来，从来就没有用心为现在的每一刻筹谋策划。这样周而复始，日复一日，他们的精力都浪费了，功业却一无所成。哲人耶曼孙说过："尔若爱千古，尔当爱现在。昨日不能唤回来，明天还不确实，尔能确有把握的就是今日。今日一天，当明日两天。"与其恋恋于过去，痴想于将来，不如切实抓住现在的分分秒秒，正如李大钊的《"今"》所论："无限的'过去'都以'现在'为归宿，无限的'未来'都以'现在'为渊源。'过去'和'未来'的中间全仗有'现在'以成其连续，以成其永远，以成其无始无终的大实在。"

培养气度　不偏不倚

【原文】

气象要高旷，而不可疏狂；心思要缜密，而不可琐屑；趣味要冲淡，而不可偏枯；操守要严明，而不可

56

激烈。

【译文】

　　一个人的气度要高远旷达,但不能流于粗野狂妄;思虑要细密周全,但不可偏于琐碎杂乱;趣味要高雅清淡,但不可太过单调枯燥;节操要光明磊落,但不能趋于偏激刚烈。

【赏析】

　　人的品性培养要平和中正,不可有失偏颇。譬如人的气度,应当高旷辽远,但又不能流于狂妄自大;人的心思固然要精细缜密,但过于琐屑杂乱就物极必反了;人要有一种淡泊情怀,但并不意味着枯燥乏味;节操坚守应当要严厉明正,万不可激进偏执。种种情况告诉我们,生活当中宜以中正为要。

风不留声　雁不留影

【原文】

　　风来疏竹,风过而竹不留声;雁度寒潭,雁去而潭不留影。故君子事来而心始现,事去而心随空。

【译文】

　　当风吹过竹林时,会引发阵阵声响,一旦风吹过后,竹林又会逐渐归于平寂;大雁飞过寒潭水面时,会留下清晰倒影,一旦大雁飞离水面,寒潭中的落影也就随之消失了。因此,每当有事情发生时,君子的真心本性就会自然呈现,而只要事情完结之后,君子的内心又很快恢复宁静。

【赏析】

　　身处纷繁复杂的尘世中,每天都要应付大大小小的烦心事。如果终日纠缠于这些烦恼中,就不会得到片刻的轻松,所以,为人处世要拿得起、放得下。当有事情需要处理时,就全心全意投入此中,尽量使其得到完美解决。当事情过后就要做到水过无痕、了无牵挂。

君子懿德　中庸之道

【原文】

　　清能有容,仁能善断,明不伤察,直不过矫,是谓蜜饯不甜,海味不咸,才是懿德。

【译文】

　　清正廉明且有包容一切的雅量,仁爱慈祥且有当机立断的能力,明察秋毫而又不失之于苛刻挑剔,刚直无私但不矫枉过正。就像是蜜饯虽由蜜糖制作而成,却不令人感到甜腻;海产品虽然出自大海,却并不让人感觉太咸。做人如果能如这般恰到好处,那就具有一种美好的品德了。

【赏析】

　　美好的品德应当是符合中庸之道的:清正廉明而又不乏包容一切的雅量;仁爱却不妨碍敏锐的判断力;严明而又不伤害自己的洞察力,刚直不阿却又不矫枉过正。如果能够做到以上种种,且恰到好处,那也就达到了修身养性的一定境界。

穷当益工　不失风雅

【原文】

　　贫家净扫地,贫女净梳头。景色虽不艳丽,气度自是风雅。士君子一当穷愁寥落,奈何辄自废弛哉!

【译文】

　　贫苦人家总是把地面打扫得干干净净,贫穷人家的女子总是把头梳得整整齐齐。这番景象虽然不够璀璨夺目,却自有一种素雅朴实的风韵气度。然而,为什么君子一陷入穷困窘迫、潦倒不堪的境地就自怨自艾、自暴自弃呢?

【赏析】

俗话说:"穷且益坚,不坠青云之志。"古往今来,在逆境中奋战成功的例子举不胜举。战国时期有名的纵横家苏秦说秦未果,"归至家,妻不下纴,嫂不为炊,父母不与言",尝尽了人情冷暖。但是苏秦并未灰心绝望,而是奋力读书,"欲睡,引锥自刺其股,血流至足",终于被赵王赏识,封爵授印,荣耀无比。所以,我们应当深知,任何人都不能打倒自己,只有自暴自弃才是最可怕的。

未雨绸缪　有备无患

【原文】

闲中不放过,忙处有受用;静中不落空,动处有受用;暗中不欺隐,明处有受用。

【译文】

闲散的时候不虚度光阴,忙碌的时候才能从容不迫;在安宁平静的时候不要让心灵感到空虚,在出现突发情况之时才能应对自如;在无人监督的时候也要做到内心光明磊落,这样才会在青天白日之下有所受用。

【赏析】

突如其来的事件常常会令人措手不及、无所适从。如何改变这种状况呢? 这就需要我们在平凡的每一天中都有所作为,保持警醒。在闲散之时不要虚度光阴,在心气平和的时候不让内心感到空虚,在私下独处时不做暗室欺心之事等等。只有未雨绸缪才能做到有备无患,不至于临阵磨枪。

念头起处　切莫放过

【原文】

念头起处,才觉向欲路上去,便挽从理路上来。一起便觉,一觉便转,此是转祸为福,起死回生的关头,切莫轻易放过。

【译文】

刚一萌生贪欲,就用真理、正义把它挽回到正确的道路上来。在私心杂念产生的片刻就有所察觉,于是马上转变念头,这实际上就是变祸患为福气、将死亡转化为生机的关键时刻,千万不要轻易放过。

【赏析】

欲望的深渊并非是一步而至的,如果在欲望之路上有所警觉,那就是及时扼住了命运之腕,根除欲望之念,转到人生真理的道路上来。又有谁能否定他从此翻开了人生的另一页呢?

静闲淡泊　观心证道

【原文】

静中念虑澄彻,见心之真体;闲中气象从容,识心之真机;淡中意趣冲夷,得心之真味。观心证道,无如此三者。

【译文】

在宁静中,人的内心空灵纯净、纤尘不染,由此体味出人心真正的本源;在闲暇中,人的气度舒缓有余、从容不迫,由此可悟出人心中的某种玄机;在平淡中,人过得悠闲自在,从中领悟出人心真正的趣味。从这三个方面来观察人心、验证真理,是再好不过了。

【赏析】

要想探求自然之真谛、人生之真趣,需要做到心体澄澈、平淡冲和。否则,困于物欲名利之中还试图寻求人间真境,只会徒劳无功,陷入层层迷雾,更加无法跳脱。所以说,只有一个"真"字才是独一无二的人间仙境。

动中真静　苦中真乐

【原文】

静中静非真静,动处静得来,才是性天之真境;乐处乐非真乐,苦中乐得来,才是心体之真机。

【译文】

在安静的氛围中能保持心性的安宁还不是真正的宁静,只有在喧闹嘈杂的环境中还能自如地享有宁静,才是达到了人生的最高境界。从安逸快乐的环境中得到的欢乐并非真正的欢乐,只有在艰难困苦的条件下还能保持快乐的心情,才是真正体味到了人心之玄妙。

【赏析】

"大隐隐于市",在热闹的街市中还能保持内心之安宁,不为外界喧嚣所搅扰,这才是心静如水的真功夫。只有做到了这一点,才能从容有余地面对人生。世人都会为拥有金钱财富而快乐,为处于顺境之中而感到舒心,但是,只有那些在艰难困苦中还能笑对人生、自得其乐的人才是真正难得的人。

舍己勿疑　施恩勿报

【原文】

　　舍己毋处其疑,处其疑,即所舍之志多愧矣;施人毋责其报,责其报,并所施之心俱非矣。

【译文】

　　舍弃个人利益的时候不要犹豫不决,稍一迟疑,你的舍己为人之心就要蒙上几分羞愧了;向别人施以恩惠的时候,不要希望得到回报,否则你的施恩向善之心就因此而荡然无存了。

【赏析】

　　记得有一则故事如是说:有一个药铺老板,幼年时其父亲因抓不起药而命丧黄泉,于是,他发誓要开一个乐善好施的药铺。当了老板之后,他不改初衷,不仅童叟无欺、贫富不二,还专给没钱看医生的人开方子。一些药界行家见此行为,大摇其头,视之为败家子,以为他必定血本无归。然而,他的生意却日渐红火,盖过了所有比他更会降低成本、所有比他精明能干的人。世间的许多事情都是如此,当你刻意追逐时,它就像蝴蝶一样振翅飞远;当你摒弃世俗功利之心后,为了社会、为了他人,专心致力于一件事情的时候,那意外的收获反而会悄悄降临。由此而知,舍己为人、乐于助人之心应当是精诚所至,不需要事先的权衡比较。如果只是有所企图才行善事,不仅不会令受施者感到你的真诚,反而会因此加重自己的名利之心,于不知不觉中滑入罪恶的深渊。

厚德积福　逸心补劳

【原文】

　　天薄我以福,吾厚吾德以迓之;天劳我以形,吾逸吾心以补之;天厄我以遇,吾亨吾道以通之。天且奈我何哉!

【译文】

命运让我福分浅薄,我就修炼我的德行来勇敢地面对它;命运使我形销骨立,我就放松我的心情来弥补缺憾;命运让我遭遇坎坷,我就提高我的道德修养来使人生之路通畅无阻。如此这般,上天又能把我怎样呢!

【赏析】

在命运面前,人不可能总是幸运的。在命运的打击下,不能自暴自弃、自怨自艾,要勇于迎接挑战,自强不息,从逆境中奋起。只有坚持在日常的生活中修炼心性,培养坚定的意志,才能在难测的命运面前镇定自若、游刃有余。

天机最神　智巧何益

【原文】

贞士无心徼福,天即就无心处牖其衷;憸人着意避祸,天即就着意中夺其魄。可见天之机权最神,人之智巧何益!

【译文】

一个有节行有操守的人,无须刻意去求取福分,上天总会在无意之中满足他的心愿;一个邪恶不正的人,即使有意避开祸患,上天也会特意惩罚他。由此可见,上天的机心和权力是最高的,相比之下,凡人的一点儿智慧、机巧又算得了什么呢!

【赏析】

古人认为冥冥中自有天意,人的一切行动都在上天的掌控之中,既然如此,人们又何必费尽心思拨弄机巧呢?虽然这段话有"唯心论"之嫌,但其本意只不过是要告诫人们不要自以为是,要弄小聪明。只有靠自己的辛勤劳作和诚心实意才能获得幸福,远离祸患。

人生态度　晚节更重

【原文】

　　声妓晚景从良,一世之胭花无碍;贞妇白头失守,半生之清苦俱非。语云:"看人只看后半截。"真名言也。

【译文】

　　风月场中的妓女如果在晚年的时候能够脱离风尘,成为良家妇女,那么她前半生所经历的卖笑生涯也不会有损于她以后的正常生活了;坚守贞节的女子如果在白发之年晚节不保,那么她前半生所忍受的艰难困苦就都会化为乌有了。有一句话说:"看一个人的节操只需看他的后半生。"这真是至理名言。

【赏析】

　　对人对事要采取一分为二的方法,不能仅凭其一时好坏就妄下断语,以偏概全。"看人只看后半截"虽有它的偏颇之处,但也有其合理性。在现实生活中,很多贪污受贿、弄权营私的官员在此之前确也曾兢兢业业、为民谋福,但就是在日积月累的"糖衣炮弹"中给腐化了,令人痛心。而有的人虽然曾经误入歧途,但只要他痛改前非、洗心革面,我们应为他感到欣喜。晋朝人周处年轻时力气过人,性情蛮横,因父亲早死,无人管教,常与人斗殴闹事。当时,长桥下有条独角蛟,南山里有只白额虎,一起危害百姓,人们把蛟、虎连同周处在内称作"三害"。后来有人劝他去射虎斩蛟。周处先入南山射杀白额虎,接着又下长河搏蛟,历时三天三夜,乡亲们都以为他已经死了,四处相告,拍手庆贺。这时,周处居然斩蛟回来了,当他看到乡亲们庆贺的原因不是因他射虎斩蛟,而是以为他死了的时候,才知道乡亲们憎恨自己甚至超过蛟、虎,于是决心悔改。后来,周处就去找当时有名的学者陆机、陆云兄弟学道,终于成为晋朝一代名臣。

种德施惠　无位公相

【原文】

　　平民肯种德施惠,便是无位的公相;士夫徒贪权市宠,竟成有爵的乞人。

【译文】

　　平民百姓如果愿意修养德行、多施恩惠,即使他没有任何官位,也会像公卿相国般扬名显亲;士大夫如果只一味地争权夺利、谄媚逢迎,即使他们享有爵位俸禄,也会像沦落街头的乞丐一样可怜。

【赏析】

　　"富有"的含义有两层:一是物质上的富有,一是精神上的富有。普通老百姓虽然无权无势,但只要秉持乐善好施、热心助人的习性,他们就能够以默默无闻之躯赢得众人爱戴,他们是精神上的富翁。然而,也有一些享食国家俸禄之人,身居官位却毫无爱民之德,打着"有权不用,过期作废"的口号,一味中饱私囊、贪赃枉法,他们的精神世界是一片沙漠。这种人除了钱一无所有,和行尸走肉有什么区别?

积累念难　倾覆思易

【原文】

　　问祖宗之德泽,吾身所享者是,当念其积累之难;
　　问子孙之福祉,吾身所贻者是,要思其倾覆之易。

【译文】

如果要问祖宗给我们留下了什么恩德,看我们现在享有的生活就知道了,由此我们应当念及祖宗积累这份家业的困难艰辛;如果问我们的子孙后代能得到什么福祉,看我们现在所剩下的家业多寡就知道了,由此我们应当保持警惕,要认识到家业是很容易衰败的。

【赏析】

古语有云:"一粥一饭,当思来处不易;半丝半缕,恒念物力维艰。"中华民族上下五千年的灿烂文明都是经过历代先辈们日积月累而成,在享用这些成果的同时要感恩其来之不易。所谓"创业容易守成难",创业固然不易,但相对于守业而言,后者任务似乎更加艰巨。今天,我们安然地享用着高度发达的物质文明,与此同时,破坏环境、耗竭能源、道德滑坡等诸如此类的现象也大行其道,引人深思。试问,这种牺牲子孙后代利益的代价是否太大?

君子诈善　无异小人

【原文】

君子而诈善,无异小人之肆恶;君子而改节,不及小人之自新。

【译文】

有修养的君子如果靠伪诚欺诈来获取善名,就和无恶不作的奸险小人没有什么两样;有操守的君子如果改变高风亮节,流于污浊,那还不如犯有过失的小人悔过自新。

【赏析】

披着羊皮的狼常常混迹于真正的羊群之中,借此而淆乱别人的视线,令人难以判断真伪。披着虚诈外衣的伪君子就正如此类。他们满口的仁义道德,处处以君子自居,暗地里却男盗女娼,为非作歹,这种口蜜腹剑之人真是让人防不胜防。真正的小人虽然作恶多端,却很少文过饰非,人们还比较容易防备。因此,在生活中我们要特别提防这种暗箭伤人的伪君子。

春风解冻　和气消冰

【原文】

　　家人有过,不宜暴扬,不宜轻弃。此事难言,借他事隐讽之;今日不悟,俟来日再警之。如春风解冻,如和气消冰,才是家庭的型范。

【译文】

　　家人犯了过错,不要因此而暴跳如雷、怒气冲天,也不要不闻不问、听之任之。如果不好直言的话,就借用别的事来提醒他改正错误;如果今天提醒他了,他还不醒悟的话,就等以后有了合适的机会再来警醒他。就像和煦的春风吹过大地,消解了冰冻;又像温暖的气候来临,融化了冰雪,这样才是家庭生活应有的样子。

【赏析】

　　教育是一门艺术,也是一门学问,其中奥妙无穷。早在两千多年前,大圣人孔子就强调"因材施教",之后又有人倡导"随风潜入夜,润物细无声"。我们的教育对象千差万别,不能采用千篇一律的教导方式,既要求同,又要存异。有人说,教育的本质其实就是爱育。尤其是父母对孩子,无论付出多少,如果没有爱,或者说不能让孩子感受到爱,那他的努力就会大打折扣,甚至无效。所以,在教育的过程中切忌采用打骂交加等简单粗暴的方式,或者旁敲侧击,或者耐心劝诱,这样才能达到劝恶扬善的效果。

看得圆满　放得宽平

【原文】

此心常看得圆满,天下自无缺陷之世界;此心常放得宽平,天下自无险侧之人情。

【译文】

如果内心经常感到圆满而知足,就会觉得这是一个没有缺陷的美好世界;如果有一颗宽广而包容的心,就会觉得人世间并非那么险恶莫测。

【赏析】

用一种宽容平和的心态去看待世间万物,心中就会生发一种满足感,令人舒畅。同时,这种感觉又促使我们用自己的行动来回报生活。如果用一种挑剔的眼光来俯视世界,就只会令人变得吹毛求疵,对这个世界有诸多不满,充满憎恨之情。在这种心态支配下的人生会因此而变得暗淡无光、乏善可陈。

坚守操履　不露锋芒

【原文】

淡泊之士,必为浓艳者所疑;检饬之人,多为放肆者所忌。君子处此,固不可少变其操履,亦不可太露其锋芒。

【译文】

淡泊寡欲的人必定被贪图名利的人所怀疑;自我约束的人经常被肆无忌惮的人所嫉恨。有修养的君子每当此时,既不可因此而改变其节操,又不可锋芒毕露。

【赏析】

在强调同一的主流社会中,鹤立鸡群、出类拔萃之人难免会招致别人的怨恨。面对种种非难,那些德才兼备的人当然不能就此退缩。一方面,他们要坚守自己的节操,成为社会先进力量的代表,起到典范作用;另一方面,他们需要适度地收敛锋芒、韬光养晦,只有如此,才能更好地适应时代,施展才能。

逆境砺志　顺境杀人

【原文】

居逆境中,周身皆针砭药石,砥节砺行而不觉;处顺境内,满前尽兵刃戈矛,销膏靡骨而不知。

【译文】

身处逆境的人仿佛置身于针石草药中,自己的心性在艰难困苦中得到了磨炼却浑然不觉;身处顺境的人前面布满了刀枪戈矛,自己的心志在安逸快乐中被逐渐消磨殆尽却一点也不知道。

【赏析】

顺境与逆境都是相对而言的:顺境中潜伏着失败的危险,逆境中隐含着成功的因素。在顺境中,我们虽然为事事称心而感到欣喜,但与此同时,我们的进取心也会在这志得意满中逐渐有所懈怠,最终导致一败涂地。越王勾践被吴王夫差打败,越王立志报仇复国,于是卧薪尝胆、警惕贪乐,最终一举击败了吴国。艰难困苦的环境只能使意志薄弱的人一蹶不振,对于那些意志坚定的人来说却不失为一次磨炼心性的好机会。只要我们把逆境视为练兵场,保持正常心态,就一定会迎来随后的成功。

富贵如火　必将自焚

【原文】

生长富贵丛中的,嗜欲如猛火,权势似烈焰。若不带些清冷气味,其火焰不至焚人,必将自烁矣。

【译文】

生长在富贵之家的人,他的贪欲就像猛火般强烈,他的权势就像烈焰般灼人。如果他们不用冲淡、平和的心气去调和一下的话,那么即使他们的熏天气焰不焚烧到别人,也会把自己灼伤。

【赏析】

生长在富贵权势之家的人从小就被金钱名利所包围,稍有不慎就会燃起心中的欲望之火。例如有名的八旗子弟,在入关之前,是一支骁勇善战、威震天下的精兵强队。然而,当他们享有天下之后,他们沉沦了,在战场上不堪一击,屡战屡败。所谓"自古英雄多磨难,从来纨绔少伟男",生在富贵荣华之中更加要注意磨炼自己的心性。

精诚所至　金石为开

【原文】

人心一真,便霜可飞,城可陨,金石可贯。若伪妄之人,形骸徒具,真宰已亡,对人则面目可憎,独居则形影自愧。

【译文】

人的心如果能够做到真诚无妄,那么他的这份真心就可以感动上苍,在酷热的夏天降下霜雪,使牢固的城墙倒塌,在坚硬的金石上也可以随意雕琢。如果是虚伪奸巧的人，就只剩下一副空皮囊，失去了灵魂，如行尸走肉般。这种人若和别人相处会让人感到面目可憎，独处的时候又会为自己所做的一切感到惭愧。

【赏析】

《列女传》记载了一个故事：春秋时齐庄公领兵攻打莒国，大夫杞梁殖战死。其妻恸哭十日，连城墙都为之崩倒。故事中虽有一定的杜撰成分，但其中表现出来的夫妻情深却是不容置疑的，它包含了人类共同的美好情感：至诚至真。我们常说："精诚所至，金石为开。"只要保持一份纯真情怀，就自然会得到上天的眷顾，获得别人的帮助。那些虚伪奸诈之人，常常是当面一套，背后一套，阳奉阴违，久而久之，终究会为人所揭穿，为世人所不齿，这种心灵的折磨甚于一切。

文章恰好　人品本然

【原文】

文章做到极处，无有他奇，只是恰好；人品做到极处，无有他异，只是本然。

【译文】

要写出极其精彩的文章没有什么奇妙的方法，只要恰到好处就可以了；人的品德修养想要达到最高境界并没有别的特异之处，只要出于自然本心就好了。

【赏析】

"文似看山不喜平"，乏味枯燥的文章当然味同嚼蜡，但并不意味着精雕细琢、刻意堆砌的文章就能赢得肯定，真正的好文章世人早有定论。这首先就要出于自然本心，"如羚羊挂角，无迹可求"方为上乘之作。人品如书品，做人只要本着自然的原则，就会渐入佳境，臻于极致。所以说,去伪存真、实事求是既是做人的出发点,又是做人要坚守的基本原则。

明世相本体　负天下重任

【原文】

　　以幻迹言,无论功名富贵,即肢体亦属委形;以真境言,无论父母兄弟,即万物皆吾一体。人能看得破,认得真,才可任天下之负担,亦可脱世间之缰锁。

【译文】

　　从虚幻无迹的角度来看,无论是功名利禄、富贵荣华,还是身体四肢,都附属于他物而存在;从客观真实的角度来看,无论是父母兄弟,还是自然万物,都是和我融于一体的。人能看破世情,认清真理,才能担负起天下的重任,也可以摆脱尘世物累的牵绊。

【赏析】

　　众生万象,要能明辨真伪,或如水中望月,或如雾里看花,都无法看清事物本质。世人皆为物欲所累,为名利所役使,甚至把功名利禄当作生命的全部意义,并对此深信不疑。然而,物质金钱生不带来,死不带去,为其煞费苦心实有不值。即便是血肉相连的父母兄弟也有各自分离的一天,在我们悲戚忧伤的时候只要想到天下万物原为一体,离合聚散亦属平常,心中的哀痛就会有所减少。只有不深陷于金钱、情感之中,才能自如地驾驭人生,有所超脱,乃至肩负起社会的重任。

美味快意　享用五分

【原文】

　　爽口之味,皆烂肠腐骨之药,五分便无殃;快心之事,悉败身丧德之媒,五分便无悔。

【译文】

美味可口的食物其实都是伤害身体的毒药,但是只品尝五分,就不会对身体有害了;大快人心的事情其实都是败坏品德的媒介,但是只享用五分,就不会让内心有所懊悔了。

【赏析】

美味佳肴只可偶一为之,浅尝辄止,如果顿顿要求如此,必将增加人的欲望,把人引向堕落,造成难以挽回的局面。与用餐同理,生活应该松紧自如,既不能一味清苦刻薄、枯燥乏味,又不能恣情纵性、贪图逸乐,只要把握得当,就能游兴于生活之中。

忠恕待人　养德远害

【原文】

不责人小过,不发人阴私,不念人旧恶。三者可以养德,亦可以远害。

【译文】

不责备别人犯下的小过失,不揭露别人的隐私,不记恨别人过去的恶行。做到这三个方面,不仅可以修身养性,还可以远离祸害、保全自身。

【赏析】

在我们的日常生活和工作中可能常常会遇到这样的事情:斤斤计较于别人的一点过失,津津乐道于他人的隐私,念念不忘与他人之间的小龃龉。这些司空见惯的事虽小,危害却不容小觑。它不仅影响了我们的正常生活和工作,造成人际关系的紧张,不利于安定团结,而且还妨碍我们的道德修养。长此以往，只会让人形成狭隘阴私的心理，最终招致祸端，所以我们应切记"勿以恶小而为之"的道理。

持身勿轻　用心勿重

【原文】

士君子持身不可轻，轻则物能挠我，而无悠闲镇定之趣；用意不可重，重则我为物泥，而无潇洒活泼之机。

【译文】

有修养有道德的君子，为人不可不庄重，如果轻佻浮躁的话，就容易为名利物欲所束缚，而失去悠闲自得、镇定自若的乐趣。君子的心机不可太重，如果深陷于此，就会为物质利益所诱惑，而丧失洒脱自如、活泼纯真的生机。

【赏析】

士君子要懂得如何保持身心的轻重平衡。一方面，为人要持重守成，切忌心浮气躁，只有如此，才能有益于进德修业，不会轻易被外界的诱惑所俘虏；另一方面，心机又不可过于深重，要做到光明磊落，胸怀坦荡，要有一份云淡风轻的情怀。曾经看到过一个小故事：有只驴子驮着盐过河。它的脚一滑，跌倒在河水中，盐在水中都溶化了。它站起来时顿感一身轻松了许多，它很高兴。后来，有一天，它驮着海绵过河，心想再跌倒下去，站起来时定会更轻松。于是，它故意摔了下去，它没想到海绵是吸水的，因此它再也站不起来了，淹死在河里了。故事深入浅出、言近意远，它告诉我们，工于心计之人终日忙于谋算，结果却"聪明反被聪明误"，自己害了自己。

人生百年　不可虚度

【原文】

天地有万古,此身不再得;人生只百年,此日最易过。幸生其间者,不可不知有生之乐,亦不可不怀虚生之忧。

【译文】

天与地可万古长存,人的生命却不会再重来。人的一生只有百年之久,每一天都是很容易度过的。我们有幸生而为人,就不能不知道活着的乐趣,但也不能不怀有虚度光阴的忧虑之心。

【赏析】

古诗《明日歌》中写道:"明日复明日,明日何其多。我生待明日,万事成蹉跎。世人若被明日累,春去秋来老将至。朝看水东流,暮看日西坠。百年明日能几何?请君听我《明日歌》!"常言道:聪明的人,今天做明天的事情;懒惰的人,今天做昨天的事情;糊涂的人,把昨天的事情也推给明天。时间流逝无声,具有不可逆转性,委身于天地间的个体生命是多么短暂啊!世人应当好好思量如何在有限的时间内发挥最大的生命价值,切莫辜负光阴、虚度此生,否则只会落得"少壮不努力,老大徒伤悲"的下场,到时就悔之晚矣!

德怨两忘　恩仇俱泯

【原文】

怨因德彰,故使人德我,不若德怨之两忘;仇因恩立,故使人知恩,不若恩仇之俱泯。

【译文】

积存的怨恨因为别人的德行善事而越发明显,因此,与其使人对我感恩戴德,不如让他的感谢之意和怨恨之心一并消失;仇恨的产生往往由于恩惠所导致,因此,与其使人知道我的恩惠,不如让我的恩惠随着别人的仇恨一起泯灭。

【赏析】

德怨、恩仇都是相对应存在的,有此即有彼。然而,世人却只以恩德为好,殊不知,在施与恩惠、树立德行的同时,那些没有受到恩泽的狭隘小人和嫉贤妒能的卑鄙小人所产生的仇恨之心也纷至沓来,并且别人的恩德越大,他们的仇恨之心就愈加强烈。古希腊哲学家苏格拉底屈死在毒酒之中,奴隶运动的领袖人物林肯惨遭枪击,虽然他们皆因德恩之显而丧失性命,但他们那种俯仰天地、无愧于道德良心的英雄气节至今仍值得我们景仰。

持盈履满　君子兢兢

【原文】

老来疾病,都是壮时招的;衰后罪孽,都是盛时作的。故持盈履满,君子尤兢兢焉。

【译文】

年老的时候疾病缠身,都是由于壮年时期任意恣为所致;衰败之后遭受的罪孽都是在盛极得意的时候种下的祸根。所以,人即使是处于鼎盛巅峰期,也要时时保持谨慎小心。

【赏析】

为了在竞争激烈的现代社会中获得更大的生存优势,人们都不惜拼命工作、奋力进取，经常使身体处于超负荷运转的状态，为健康埋下了极大的隐患。正是"五十岁前拿命换钱，五十岁后拿钱换命"，得不偿失。所谓物极必反、盛极必衰，人生之路既有巅峰，也有低谷。常言道："得意莫忘失意日，上台勿忘下台时。"人在风光得意、炙手可热之时，千万不要狂妄自大、目空一切，而要善用手中资源多行义举，这样才是安享幸福的长久之策。否则，待到虎落平阳日，只会倍遭冷眼、受尽凄凉。

扶公却私　种德修身

【原文】

市私恩不如扶公议，结新知不如敦旧好，立荣名不如种隐德，尚奇节不如谨庸行。

【译文】

为了一己之私而去施舍恩惠，不如诚心诚意地为社会公益事业服务；结交新朋友，不如一心一意地去巩固与旧相知的情谊；刻意追求声名荣誉，不如静下心来修身养性；崇尚特立独行的怪异举止，不如安分守己地做好平凡琐事。

【赏析】

或隐或现是两种不同的人生态度，有的人注重修身养性、韬光养晦，甘于平淡恬静的生活；有的人崇尚出人头地、独领风骚，不甘心寂寂无闻的一生。无论隐现，都要坚守做人的道德，不要因为渴望扬名而行欺世盗名之事，不要因为私欲膨胀而去侵犯他人，也不要因为喜欢新鲜而厌弃旧友。

公私不论　权门不沾

【原文】

公平正论，不可犯手，一犯则贻羞万世；权门私窦，不可着脚，一着则玷污终身。

【译文】

公平正直是社会公认的真理，千万不可去触犯它，一旦触犯，就会蒙受羞耻、遗恨万年；至于富贵权势，千万不要去涉足，一旦涉足，就会毁坏一世的清誉，永难洗脱。

【赏析】

"不以规矩，不成方圆。"没有道德法律的约束，人的行为就会散漫无章，整个社会就会成为一盘散沙，所以每个公民都应遵守公共的道德法规，履行公民应尽的义务。否则，只会遭到舆论的谴责并得到相应的惩罚。要想保持清白名声，就不要接近那些营私舞弊的权门贵族，否则会有瓜田李下之嫌。如若与之同流合污，则会有损一世之清名，终生难以洗刷。唯一的保险之法就是修炼身心、培养道德，绝不涉足此中。

不畏人忌　不惧人毁

【原文】

曲意而使人喜，不若直躬而使人忌；无善而致人誉，不若无恶而致人毁。

【译文】

与其曲意逢迎而讨人欢心，不如刚正不阿而招人忌恨；与其没有任何善行而得到别人的表扬，不如没有任何恶行而得到别人的诋毁。

为人处世的方法各有不同,有的善于明哲保身,处处谨小慎微、克制自己,既不行善,也不为恶,甚至因此而曲意逢迎、随波逐流。这种人因为害怕"枪打出头鸟",而过度地看重自我保护,反而有亏道德。还有的人刚正不阿、直陈是非、针砭时弊,虽然屡遭排挤、屡受打击,但是却从不低三下四、做有辱气节之事,这种人才是我们民族的脊梁。

从容处变　剀切规友

【原文】

处父兄骨肉之变,宜从容,不宜激烈;遇朋友交游之失,宜剀切,不宜优游。

【译文】

父亲兄弟等至亲骨肉之间发生了变故,要从容不迫、沉着冷静,言行不宜过于激烈。朋友犯下过失,要言辞恳切地规劝,不要对他漠不关心,纵容他的过错。

【赏析】

古语有云:"父仇不共戴天。"父母兄弟等至亲骨肉如突遭变故,对我们而言是一种无法愈合的伤痛。但是即便如此,我们也不能意气用事,终日怀揣复仇之心,只会带来更大的伤亡与惨痛教训,正所谓"冤冤相报何时了"。一个人如果没有朋友,那他的生活就会是一片没有绿洲的沙漠;因吃喝玩乐而结交的朋友只是酒肉朋友而已,只会牵引人的身心走向堕落。真正的友情是患难之中的倾囊相助,是错误路上的逆耳忠言,是跌倒时一把真诚的搀扶,是痛苦时抹去泪水的一缕春风。如果看到对方有过失而不闻不问,听之任之,那只会导致朋友的品德日渐亏损,这其实是对朋友最大的不义。

大处着眼　小处着手

【原文】

小处不渗漏，暗中不欺隐，末路不怠荒，才是个真正英雄。

【译文】

在细枝末节的地方也要做到滴水不漏、一丝不苟；在没有人的地方也要做到光明磊落、胸臆坦诚；处于穷途末路时，也不懈怠松弛，这样才是真正的英雄。

【赏析】

东汉陈蕃独居一室，其庭院龌龊不堪。薛勤于是批评他，面对薛勤的批评，陈蕃却说："大丈夫处世，当扫天下，安事一屋？"薛勤当即反问："一屋不扫，何以扫天下？"大丈夫虽有鸿鹄之志，也要从小事做起。殊不知，"合抱之木，生于毫末；九层之台，起于累土；千里之行，始于足下"，任何伟大的人物和非凡的奇迹都是从平凡点滴开始的。然而，世人却往往眼高手低，无视细枝末节，无视"慎独"的功夫，以为建功立业之机可以在某个时刻一蹴而就。殊不知，"泰山不让土壤，故能成其大；河海不择细流，故能就其深"，任何一点微薄的力量都是不容小觑的。

爱重成仇　薄极成喜

【原文】

千金难结一时之欢，一饭竟致终身之感。盖爱重反为仇，薄极翻成喜也。

【译文】

即使有千金之资也不一定能博得别人的欢心，一碗米饭却有可能换来

80

别人的终身感激。爱心深切反而招致仇恨,恩情淡薄却讨来欢喜。

【赏析】

"酒逢知己千杯少,话不投机半句多。"真正可为朋友两肋插刀、出生入死的人并非是用金钱就可以结交的,而是一种推心置腹的相知。韩信当年手握重兵,与项羽、刘邦成三足鼎立之势,谋士蒯通劝其独创天下,力登九五之尊,但是却被韩信婉拒,理由就是汉王"解衣衣我,推食食我",最终帮刘邦争得了天下。《三国演义》中曹操用种种手段结交、拉拢关羽却无功而返的故事情节是大家所熟知的,它充分验证了"桃园三结义"坚不可摧的情谊。在生活当中,应当奉守"君子之交淡如水,小人之交甘若醴"的原则。只要在平日多行善事、助人为乐,就会有意想不到的收获。

藏巧于拙　以屈为伸

【原文】

藏巧于拙,用晦而明,寓清于浊,以屈为伸,真涉世之一壶,藏身之三窟也。

【译文】

宁可表现得笨拙鲁钝,也不要卖弄聪慧机巧;宁可表现得含蓄内敛,也不要刻意张扬炫耀。在污浊的尘世中依然保持自己的高洁品性,在遭受挫折打击的时候能引以为鉴,从中吸取经验教训,这样才是为人处世、安身立命的不二法则。

【赏析】

"伸"并不一定就意味着英勇豪气,有时反而被人称作有勇无谋;"屈"也并不一定就说明是妥协怯懦,而是"识时务者为俊杰"。很多时候,或屈或伸只是为了适应环境的需要,是一种策略。古之隐士逸人以自己独特的方式与社会抗争,并没有被人们视为懦夫,相反,世人还为他们高洁的品性所折服。所以,为人处世应当要懂得收放自如,要让自己的才华在最恰当的时机得到完美展现,这样才不会浪费自己的生命价值。

盛极必衰　居安虑患

【原文】

衰飒的景象,就在盛满中;发生的机缄,即在零落内。

故君子居安宜操一心以虑患,处变当坚百忍以图成。

【译文】

富贵荣华盛极一时的表象下往往潜藏着衰败的结局;百草零落的萧索景象下常常孕育着勃勃生机。所以,君子处于平安无事、安逸快乐的环境中时,应当要有防患于未然的考虑。在面临变故生乱的时候,应当要有坚忍不拔的意志,以完成最后的功业。

【赏析】

"人无远虑,必有近忧。"在相对安稳的环境中,人们要懂得珍惜这种幸福时光,要有居安思危的意识,时刻不忘修身养性。对于一个国家而言,即使是处在和平年代,也要时时保持警惕,防止各种演变与颠覆,这样才能保证长治久安。在面对变乱纷争的时候,则不可轻易灰心丧气、意志消靡,所谓"小不忍则乱大谋"。只有沉着冷静,理智应对,才有可能反败为胜。

奇人乏识　独行无恒

【原文】

惊奇喜异者,无远大之识;苦节独行者,非恒久之操。

喜欢标新立异、特立独行的人必定没有什么深远的见识和高深的学问;刻意苦心修炼、独来独往的人必定无法保持长久的恒心。

【赏析】

一个真正有卓越见识的人应当是心胸开阔、志存高远之人。费尽心思、标新立异,也许能在一时吸引众人的眼光,但这实际上只是一些糊弄人的伎俩而已。恒久不变的节操不是靠苦守得来的,而是在平常修身养性的过程中自然内化而成的,只有真正出自本心的高洁品行才会坚定无比、与日月同辉。

放下屠刀　立地成佛

【原文】

当怒火欲水正腾沸处,明明知得,又明明犯着。知的是谁? 犯的又是谁? 此处能猛然转念,邪魔便为真君矣。

【译文】

当心中怒气腾腾的时候,当心中的欲念十分强烈的时候,人人都知道要克制自己,可最终还是有所触犯。明白这个道理的会有谁? 明知故犯的又有谁呢? 如果能在这个紧要关头突然醒悟,那么心中的邪恶念头也就都被真情实性所取代了。

【赏析】

上天有好生之德,无论是罪孽多么深重的人,只要有彻底悔改之意,就能够从头再来,为社会认可。因此,当人们心中的欲望贪念在沸腾燃烧之时,不要任其肆虐,不要有所畏惧,只要下定决心把杂念扼杀在脑海中,就还有机会成为一个纯净的人。

毋形人短　毋忌人能

【原文】

毋偏信而为奸所欺,毋自任而为气所使,毋以己之长而形人之短,毋因己之拙而忌人之能。

【译文】

不要偏听一面之词,以免被奸险小人所欺骗。不要任性使气,以免被一时的冲动所役使。不要用自己的长处和别人的短处相比,不要因为自己的笨拙而妒忌别人的才能。

【赏析】

集思广益说明了广开言路的重要性,说明了人要有一种兼容并蓄的情怀才能得到更多的智慧,任性偏执只会让人变得愚昧和刚愎自用。一个德才兼备的人即使才倾天下也不会矜骄自傲,而那些恃才凌人的做法只会让人觉得浮夸不实,有小人得志之嫌。

毋以短攻短　毋以顽济顽

【原文】

人之短处,要曲为弥缝,如暴而扬之,是以短攻短;人有顽固,要善为化诲,如忿而嫉之,是以顽济顽。

【译文】

对于别人的短处,要小心谨慎地替他掩饰,如果简单粗暴地将它宣扬出去,那就是拿自己的短处去攻击别人的短处;对于冥顽不化的人,要循循善诱、循序渐进,如果满心愤怒地去憎恶他,那就是用自己的顽固去对抗别人的顽固。

【赏析】

做人应该本着隐恶扬善的原则,这样既能使善行发扬光大,感化世人,又能为犯有过失之人留下悔改的余地,产生"有则改之,无则加勉"的效果。如果对犯有过失之人抱有偏见,处处攻其短处,不仅无益于他人改过自新,而且证明了自己的无知无德,正是"来说是非者,便是是非人"。冥顽不化之人的偏执与固陋可谓"冰冻三尺,非一日之寒",如果要使之有所教化,就需要我们做好长期感化的心理准备。一味地求成求速、恼羞成怒,不仅达不到目的,反而暴露出自己的顽固与愚昧。很多时候,我们处理问题不宜采用单刀直入的方法,迂回曲折、潜移默化或许更加有效。

阴者勿交　傲者勿言

【原文】

遇沉沉不语之士,且莫输心;见悻悻自好之人,应须防口。

【译文】

遇到阴沉不语、沉默寡言的人,暂时不要和他推心置腹,结为密友;遇到愤愤不平、狂傲自大的人,应当要谨慎自己的言辞,不要口无遮拦。

【赏析】

俗话说:"逢人便说三分话,未可全抛一片心。"对于相处已久的好朋友,我们可以推心置腹、促膝交谈,但是对于那些陌生人或未深交之人则需要"视其所以,观其所由,察其所安",不可过多地与之言语,否则就会有祸从口出的危险。尤其是遇到貌似深沉、沉默寡言之人,你视之为老实木讷,却不知其人胸藏城府、工于心计,任何一句不得当的言语都有可能成为其话柄,而那些终日面有愤色、高傲自得之人也是不可多语的对象。

调节情绪　一张一弛

【原文】

念头昏散处,要知提醒;念头吃紧时,要知放下。不然恐去昏昏之病,又来憧憧之扰矣。

【译文】

注意力涣散不集中的时候,要及时提醒自己收拢心思,聚精会神;心里过于紧张、烦闷的时候,要懂得适当地放松和调剂。如果不能两者兼顾,就会时而感到头昏脑涨,时而感到忧心忡忡。

【赏析】

德国精神治疗专家迈克·蒂兹说:"我们似乎创造了这样一个社会:人人都拼命地表现,期望获得成功,达不到这些标准心里便不痛快,便产生耻辱感。"于是,我们废寝忘食地工作,但与此同时,我们也许忽略了这样一个事实:工作效率不仅和工作态度、工作熟练程度有关,还和人的心理状态有着密切的关系。

当人的心理因素处于稳定状态之时,人们就能专心致志地投入到工作当中,发挥其积极性、创造性。当人感到心里有所不适,或者混乱或者紧张之时,如果继续工作只会事倍功半。所谓"磨刀不误砍柴工",适时的休息与调剂会对心理压力有所缓和。人生本以适意为悦,"乐莫善于如意"。背负着沉重压力的我们如何能开心地工作和生活呢?

君子之心　毫无障塞

【原文】

霁日青天,倏变为迅雷震电;疾风怒雨,倏转为朗月晴空。气机何尝一毫凝滞?太虚何尝一毫障塞?人之心体,亦当如是。

【译文】

万里无云、晴空朗照的天气突然间就乌云密布、电闪雷鸣。一阵暴风骤雨过后,转眼间天空又是一片蔚蓝,日月分明。大自然的阴阳之气,交替运行,何曾停止过一分一秒?茫茫宇宙,没有穷尽,何曾有一丝一毫的阻塞、滞碍?人的心性应当也要如此般畅通无碍才好。

【赏析】

道家学说认为"人法地,地法天,天法道,道法自然",强调天人感应,即使以我们现在的眼光来看,这也不无道理。天地自然之运转生生不息、有理有节,寒来暑往、月满则亏、海水涨落,均应时而动,不逾节外。人之情感如喜怒哀乐、爱好憎恶也应如天体运行般,既出自自然、毫无做作,又有所节制、不偏不倚,这样才可保证心体的运转安康。

智慧识魔　意志斩妖

【原文】

胜私制欲之功,有曰识不早,力不易者;有曰识得破,忍不过者。盖识是一颗照魔的明珠,力是一把斩魔的慧剑,两不可少也。

【译文】

就战胜私心贪欲的功夫而言,有人认为有贪念是见识短浅,意志力不够坚定的缘故;有人认为是虽然可以看透要害实质,却无法抵挡物质的诱惑的缘故。大概人的见识就是一颗能照见邪魔的明珠,人的意志就是一把斩妖除魔的宝剑吧,这两样东西缺一不可。

【赏析】

对于各自的私欲贪心很多人都会有不同的看法,有人认为是在不知不觉中陷入其中,有人虽对此有所意识,却没有足够的意志力,一旦身陷其中就无力自拔。因此,要想不"走火入魔",既要培养卓越的见识,又要训练坚强的意志力,只有二者兼备,才能驱除各种私心杂念。

宽而容人　不动声色

【原文】

觉人之诈,不形于言;受人之侮,不动于色。此中有无穷意味,亦有无穷受用。

【译文】

发现别人的伪诈行为时,并不用言语表达;受到别人的欺侮,也不把愤怒之情表现在脸上。做到这一点,就会发觉其中蕴含有无穷的乐趣,还会给人带来不尽的受用。

【赏析】

喜怒不形于色是一种涉世之道。如果受了欺诈和侮辱就立即发作,怒目相向,那样只会把人撞得鼻青脸肿、头破血流。不如付之一笑,抛诸脑后,不仅心情舒畅,毫无负担,还可以借此来感化那些欺诈和侮辱自己之人。

英雄豪杰　经受锤炼

【原文】

横逆困穷,是煅炼豪杰的一副炉锤。能受其煅炼,则身心交益;不受其煅炼,则身心交损。

【译文】

人在遭受挫折、穷困潦倒的时候,也是使自身得到磨炼的最佳时刻。如果能忍受这种磨炼,就会给人的身体和心性都带来好处;如果不堪忍受这种磨炼,就会有损于人的身体和心性。

【赏析】

只有经历了艰难困苦的打磨,才能练就坚忍不拔的意志力、吃苦耐劳的精神和卓越深远的见识。具备了以上种种基本条件,就有资本在险恶难测的社会中进行一番拼搏,闯出一片天地,成就英雄豪杰之伟业。

天地父母　万物敦睦

【原文】

吾身一小天地也,使喜怒不愆,好恶有则,便是燮理的功夫;天地一大父母也,使民无怨咨,物无氛疹,亦是敦睦的气象。

【译文】

我们每个人自身就是一方小天地,如果能够使喜怒哀乐恰到好处,爱好憎恶遵循一定的准则,那么这就达到了做人的和谐调理的境界。大自然是人类的父母,如果能够使老百姓没有怨恨叹息之声,万事万物都不遭受祸害,那么也就能够呈现出一派祥和太平的景象。

天地自然运转不息,育生万物,调和阴阳之气,呈现和睦之景。托身于宇宙中的生命个体应禀承天地父母之习性,用中正平和之理来调整人生心路,做到喜怒有节、谨防过失。无论是喜爱还是憎恶的事情都做到恰到好处,绝不走入极端,这才是生生不息之理。

戒疏于虑　警伤于察

【原文】

害人之心不可有,防人之心不可无,此戒疏于虑也;宁受人之欺,毋逆人之诈,此警惕于察也。二语并存,精明而浑厚矣。

【译文】

既不可存有祸害别人的心思,也不可缺少防备他人的心眼,这是为了告诫那些思虑不周全的人;宁可忍受别人的欺侮,也不要揣测他人的巧诈之心,这是用来提醒那些过于明察秋毫的人。如果能够做到这两者并存,那么他就是一个既精明能干,又不失敦厚诚恳的人了。

【赏析】

世间之事,复杂纷繁,善恶并存。因此,为人之道应该要明辨是非,敏于判断。我们既不能对他人掉以轻心,毫不设防,也不能疑神疑鬼,时刻与人针锋相对。前者会使坏人乘虚而入,令自己上当受骗;后者却容易滋长过分避害心理,导致正常的人际交往陷入困境,最终落得形单影只。

明辨是非　大局为重

【原文】

　　毋因群疑而阻独见,毋任己意而废人言,毋私小惠而伤大体,毋借公论以快私情。

【译文】

　　不要因为大多数人的怀疑而影响了自己的独特见解,不要因为固执己见而拒绝采纳他人的意见,不要因为小恩小惠而有伤大局,不要借助舆论力量以成全自己的私欲。

【赏析】

　　有时候,一时的谣言或公众的怀疑可以掩盖事实的真相。我们判断一件事情的真伪时,必须经过细心考察和思考,切不可道听途说。在某些时候,我们又要坚信"三个臭皮匠,顶个诸葛亮"。集体的智慧是无穷的,千万不要自以为是、独断专行。假公济私、以权谋私,是世人所深为痛恨的无耻行为,千万不要冒天下之大不韪而犯众怒。如果能够对以上诸种行为有所警醒,必然能够辨明是非、通识大体。

亲善杜谗　除恶防祸

【原文】

　　善人未能急亲,不宜预扬,恐来谗谮之奸;恶人未能轻去,不宜先发,恐遭媒孽之祸。

【译文】

　　要想结交一个有修养的人不必急着跟他接近,事先也不要极力赞扬他,以免招致恶人的诋毁和中伤;邪恶之人很难轻而易举地除掉,所以事先不要大肆揭发他,以免遭受坏人的打击和报复。

【赏析】

无论是与善人君子结交,还是摆脱恶人小人,都要讲究策略方法。在与善人交往的过程中,如果过于心急火燎,就会令人有所警惕,甚至产生反感,不仅更加难以与之接近,还会因此招致小人的诋毁。所以,与善人交往应当要细水长流,要在长期的接触过程中互相了解、以心换心,这样才能建立真挚牢固的友谊。而在与恶人交往的过程中,一旦发现其阴暗本质,也不可立即张扬,应当审时度势,及时脱身。

培养节操　磨炼本领

【原文】

　　青天白日的节义,自暗室屋漏中培来;旋乾转坤的经纶,自临深履薄处操出。

【译文】

光明磊落的高尚节操是在艰难困苦的环境中培养出来的;经世济国的雄才伟略是在谨慎周密的处事态度中磨炼出来的。

【赏析】

一个人的高尚节操源于其平时的"慎独"功夫,一个人的经世济国之才得益于其平常的日积月累。所以,我们不能徒有艳羡之情,而应从别人的伟大成就中有所受益、有所启发,学习其不畏艰难、苦心磨炼、敏于观察、慎于言行的精神品质。

父慈子孝　伦常天性

【原文】

　　父慈子孝,兄友弟恭,纵做到极处,俱是合当如此,

着不得一毫感激的念头。如施者任德,受者怀恩,便是
路人,便成市道矣。

【译文】

　　父母慈爱,子女孝顺,兄弟姐妹间互相友爱、谦恭有礼,即使把这几
个方面都做到了极致,也是情理之中的,不应该存有一丝感激的念头。
如果像施舍恩惠的人一样怀有施德之心,而接受恩惠的人抱有感恩之
思,那么这就是将本自天然的骨肉至亲当作陌路相逢的生人了,这种骨
肉之情也像市场买卖般冰冷生硬,毫无亲情可言了。

【赏析】

　　骨肉至亲之间的情义是本乎自然的人性,是与生俱来的血缘之亲,
其间不容许有丝毫做作的成分。如果父母兄弟姐妹之间各怀施德感恩
之心,那么这种亲情中间也许已经掺杂了他物,容易生出异心。古往今
来,父慈子孝的例子比比皆是,但是父子兄弟间的悲剧也屡有发生。为
了使人世间最宝贵的情感变得更加纯洁,我们每一位为人子女、为人父
母者都要奉献自己的爱心。

不夸妍洁　谁能丑污

【原文】

　　　　有妍必有丑为之对,我不夸妍,谁能丑我？有洁必
　　有污为之仇,我不好洁,谁能污我？

【译文】

　　漂亮的事物必然有丑陋的东西与之对应,我不夸耀自己的漂亮,又
有谁能指责我的丑陋呢？洁净的事物必定有污秽的东西作为映衬,我不
宣扬自己的洁净,又有谁能讥讽我的污秽呢？

整个宇宙世界都处于相对状态中,我们应用一种辩证的眼光来看待它们。就我们个人而言,每个个体的身上都存在相对性,我们既没有理由妄自菲薄,也没有资格盲目自大,只要调整心态,用谦虚有怀的态度来为人处世,就会获益匪浅。

富多炎凉　亲多妒忌

【原文】

炎凉之态,富贵更甚于贫贱;妒忌之心,骨肉尤狠于外人。此处若不当以冷肠,御以平气,鲜不日坐烦恼障中矣。

【译文】

生于富贵之家的人比贫穷困苦的人更能体会世态炎凉之苦;骨肉至亲之间的嫉妒忌恨比不相干的外人表现得更为强烈。处于这种境况中的人,如果不能心平气和、沉着应对的话,那就会无时无刻不被烦恼所包围了。

【赏析】

生长在富贵之家的人更能切身体会到世态炎凉之真味。当你家财万贯之时,阿谀奉承之人对你趋之若鹜;当你一贫如洗之时,顿时"门前冷落鞍马稀"。更令人不能释怀的是,越是至亲骨肉,其间的明争暗斗就越是激烈。因此,面对种种突变,我们一定要学会在平常的日子里以冷静的眼光来看待事物,用平和的心态来处理事情。

功过要清　恩仇勿明

【原文】

　　功过不容少混,混则人怀惰隳之心;恩仇不可太明,明则人起携贰之志。

【译文】

　　功劳和过错不容许有丝毫混淆,一旦混淆就会让人产生懒惰、懈怠之心;恩情与仇恨不可区分得太明显,过于明显就易使人产生叛变、逆反之心。

【赏析】

　　一个和尚挑水喝,两个和尚抬水喝,三个和尚没水喝,这是大家耳熟能详的一个小故事。它形象地说明了"不患寡而患不均"的思想有时会严重阻碍事物的发展,挫伤人的积极性,使得一些好吃懒做之人混迹其中,滥竽充数,这样就会影响整体效率。然而,我们又切不可把功过与恩仇混为一谈,功过必须赏罚分明,才能激励世人的进取之心。而对于一个人的恩惠与仇恨之心则不可表现得过于分明,否则,这种情感用事只会导致人心涣散,不利于安定团结。

位盛危至　德高谤兴

【原文】

　　爵位不宜太盛,太盛则危;能事不宜尽毕,尽毕则衰;行谊不宜过高,过高则谤兴而毁来。

【译文】

　　一个人的官位不要做得太高,官位太高就会招致祸患;一个有本领的人不要锋芒毕露,过于显露就会导致衰败;一个人的品德行为不要标榜过高,自命清高就会招来流言蜚语。

【赏析】

不论是做官、做事还是做人,都要把握火候,恰到好处。老子曰:"圣人处无为之事,行不言之教;万物作而弗始,生而弗有,为而弗恃,功成而不居。夫唯弗居,是以不去。"任何风头太盛、论调过高的人,都会招致怨恨和不满。明智之举应是急流勇退、谦虚为怀。

阴恶祸深　阳善功小

【原文】

恶忌阴,善忌阳。故恶之显者祸浅,而隐者祸深;善之显者功小,而隐者功大。

【译文】

做了坏事最可怕的就是刻意隐瞒,不让别人知道;做了好事最忌讳的就是大肆宣扬,让别人知道。因此,能让人看到的祸行所带来的危害不是很大,而不为人知的祸行却潜藏着极大的危害;显露在外的善行所立下的功劳很小,而默默无闻的善行却积聚了很大的功劳。

【赏析】

为恶之人固然可恶,然而更甚者却是那些刻意隐瞒恶行的人,正所谓:"明枪易躲,暗箭难防。"那些害怕恶行见光的人至少还有羞耻之心,也就说明其人还有挽救的余地。而那些刻意隐瞒恶行的人只会继续堕落、沉沦,做出伤天害理的事,严重威胁他人的生命财产安全。为人处世要以行善为己要,并且这种行善要发自内心深处,绝不能有沽名钓誉之妄念,否则,行善只是徒有虚名,只是追名逐利的工具而已。

应以德御才　毋恃才败德

德者才之主,才者德之奴。有才无德,如家无主而
奴用事矣,几何不魑魅猖狂?

品德是才干的主人,才干是品德的奴隶。有才干而没有德行的人,
就好比家里没有主人而由奴仆来当家,哪能不寻衅恣意、为所欲为呢?

《论语》曰:"质胜文则野,文胜质则史。文质彬彬,然后君子。""文"
可以理解为文采,"质"则可认为是内在的仁德,只有德才兼备之人才是
真正的君子。有德无才虽然可惜,但至少可以其高洁品行来回报社会,
感化他人,同样是有功之人;而有才无德之人却是令人可怕的,即便是满
腹经纶、才盖天下,如果没有道德品质作为基础加以引导,就很容易恃才
傲物、目空一切,乃至误入歧途。

穷寇勿追　投鼠忌器

锄奸杜幸,要放他一条去路。若使之一无所容,譬
如塞鼠穴者,一切去路都塞尽,则一切好物俱咬破矣。

铲除奸险邪恶之人时,要给他们留一条改过自新的退路。如果把他
们逼得走投无路,就好像堵老鼠洞一样,把所有的洞口都堵塞了,那么一

切好东西都会被老鼠咬坏。

【赏析】

在很多情况下我们应慈悲为怀,得饶人处且饶人。并不是所有的斩草除根都能令人高枕无忧,连兔子急了还咬人,所以与其赶尽杀绝,不如放人一条生路,给人一个改过自新的机会。正如佛家所云:"救人一命,胜造七级浮屠。"

有过归己　有功让人

【原文】

当与人同过,不当与人同功,同功则相忌;可与人共患难,不可与人共安乐,共安乐则相仇。

【译文】

应当与人共同承担过失,而不要与人一起分享功劳,分享功劳就会招致彼此的忌妒;可以与人共度患难危急,但不要与人一起享用安逸快乐,一起享乐就会招致彼此的怨恨。

【赏析】

同甘共苦、同舟共济是人类美好的品德。然而,奇怪的是,身处和平环境中的人们却总要自制硝烟,拼个你死我活。纵观上下五千年的中国历史,历朝历代为国君立下汗马功劳的臣子又有几个落得善终?这些才华横溢、能力卓越的人极易为人心所向,却也因此成为某些人的眼中钉、肉中刺,与其遭不虞之患,不如全身而退。

警言救人　功德无量

【原文】

　　士君子贫不能济物者,遇人痴迷处,出一言提醒之,遇人急难处,出一言解救之,亦是无量功德。

【译文】

　　品德高尚的君子虽然贫穷,不能在物质上接济别人,但是遇到他人困惑不解的时候却能用言语点化,遇到别人有急难之事的时候能凭着几句话解去他人的燃眉之急,这样做也是功德无量的。

【赏析】

　　帮助他人的方法是多种多样的,不仅仅限于物质和金钱。当别人沉浸痴迷时,能够及时出言相助,一语点醒梦中人;当别人灰心气馁的时候,能够用言语给予鼓励;当别人伤心痛苦时,能够用暖意融融的话语来安慰人心等等,这些都是功德无量的。由此可见,金钱并不是万能的,很多时候,精神上的帮助更能解决问题,令人感动。

趋炎附势　人之通病

【原文】

　　饥则附,饱则扬,燠则趋,寒则弃,人情通患也。

【译文】

　　人在饥饿的时候就攀附他人,吃饱了之后就扬长而去,遇见权势之家就趋之若鹜,碰到贫寒之人就视而不见,这是人类共有的通病。

【赏析】

　　俗话说:"人往高处走,水往低处流。"趋炎附势、攀龙附凤,是人之常情,虽然也有愤世嫉俗之人,但是平常人的人心之陋还是不能为我们所改变。我们唯一能做的就是尽量保持自己的品行节操不被污染,用自己的行动来感化世人。

冷眼观物　勿动刚肠

【原文】

君子宜当净拭冷眼,慎勿轻动刚肠。

【译文】

君子应当要学会平心静气,冷静观察,不要轻易表现出自己的刚正不阿。

【赏析】

做人慎勿冲动暴躁,只有心平气和、冷静沉着,才能全面地考虑问题,理智地处理事情,最大限度地减小疏忽。否则,仅凭一时意气用事,就会做出许多令人后悔不已的事情。生活中这样的例子比比皆是,很多人常常因为一句口角、一点摩擦而大打出手,最终酿成惨祸,家破人亡。这不值得我们警醒吗?

德量共进　识见更高

【原文】

德随量进,量由识长。故欲厚其德,不可不弘其量;欲弘其量,不可不大其识。

【译文】

人的品德随着气量的增长而有所增益,人的气量随着见识的扩大而有所增加。因此,要提高自己的品德修养就不能不增加自己的气量,要增加自己的气量就不能不扩大自己的见识。

【赏析】

长见识、增气量、厚品德是一个环环相扣、循序渐进的过程。只有见识广阔了，阅历丰富了，才能打开心胸，培养深远气度。而气度越是恢宏，就越容易培养兼容并蓄的情怀，越能够宽大地看待和处理各种事情。而人的品德就在这种熏陶中日益增进，达到一种崇高的思想境界。所以说，见识、气量、品德这三者缺一不可，相辅相成，不可一误而影响全局。

人心唯危 道心唯微

【原文】

一灯萤然，万籁无声，此吾人初入宴寂时也；晓梦初醒，群动未起，此吾人初出混沌处也。乘此而一念回光，炯然返照，始知耳目口鼻皆桎梏，而情欲嗜好悉机械矣。

【译文】

萤火般的烛光微微闪动，大地一片寂静，这是人们进入梦乡的时候；一觉初醒，自然万物还没有动静，这是人们的头脑最清醒的时候。趁此机会反省自身，豁然开朗，突然明白人的耳目口鼻都是一种障碍，而人的七情六欲俱是机巧之心所致。

【赏析】

人类的不断超越与升华，在于不断的、深刻的自我反省。人类不能不进行思考。只有在不断地思考之中，人类才有可能反观内心、辨析真伪，才不至于在欲路邪念上一再沉沦，不能自拔。

反省从善　尤人成恶

【原文】

反己者,触事皆成药石;尤人者,动念即是戈矛。一以辟众善之路,一以浚诸恶之源,相去霄壤矣。

【译文】

勇于自我反省的人,能把经历的每件事都当作有益的经验教训;一味怨天尤人的人,只要一动念头就会生出祸端危害。前者为人们的向善之举开辟了道路,后者却成为各种罪恶的根源,它们之间真是有天壤之别。

【赏析】

善恶之源,皆在自身。一个对自己要求严格的人,能每日反省自身,及时发现问题,改正过失。这样日复一日,就会离祸害越来越远,而渐入佳境。相反,如果只会怨天尤人,从不在自己身上找原因,那就永远不能对症下药,乃至病入膏肓,无法医治,那时就悔之莫及了。

功名一时　气节万古

【原文】

事业文章随身销毁,而精神万古如新;功名富贵逐世转移,而气节千载一日。君子信不当以彼易此也。

【译文】

一个人的事业和文章都会随着身死而灰飞烟灭,但是人的精神却会永世长存;世间的功名富贵都会随着时代的变迁而变化,但是人的气节却是恒久不变的。品德高尚的君子千万不要用名垂青史的道义与气节来换取一时的功名利禄。

【赏析】

悠悠岁月,渺渺宇宙,在历史的长河中,大浪淘沙,无数的功名富贵都在弹指间灰飞烟灭,只有崇高的精神和可歌可泣的气节万古长青、流芳百世。祖逖、戚继光、郑成功、林则徐等不朽的人物用他们不屈不挠、大公无私的伟大精神激励和鼓舞着一代又一代的人朝着理想和目标奋进,他们虽死犹生,永远活在历史的丰碑中。

机里藏机　变外生变

【原文】

鱼网之设,鸿则罹其中;螳螂之贪,雀又乘其后。机里藏机,变外生变,智巧何足恃哉!

【译文】

渔网专为捕鱼而做,没想到却有鸿雁误落其中;螳螂贪图眼前的鸣蝉,谁知道背后却有黄雀虎视眈眈。玄机里暗藏玄机,变化之外又生变化,人的智慧与机巧又如何靠得住呢!

【赏析】

所谓命运无常,天意难测,螳螂捕蝉,又何尝想到黄雀在后呢? 世间之事,并非人力可以完全驾驭的,各种机缘巧合,都让人防不胜防、目瞪口呆。与其处心积虑、布局谋划,不如脚踏实地、安分守己,只有这样,才不会为自然造化所作弄。

诚恳为人　灵活处世

【原文】

作人无点真恳念头,便成个花子,事事皆虚;涉世无段圆活机趣，便是个木人，处处有碍。

【译文】

做人如果没有一点真诚恳切之心，就成了个虚情假意的人，做任何事都虚伪；处世如果没有一点圆通灵活之术，就成了个不知变通的木头人，做任何事都会遇到障碍。

【赏析】

为人处世要方圆并用。无论待人还是做事，首先都要秉着一份真心实意，赢得人们的信任，为彼此的合作打下良好基础。但是，这并不意味着思想僵化、教条主义，这样是办不成事的。总之，做人应当随机应变、灵活自如。五彩斑斓的生活需要真诚与变通的互相渗透。

去混心清　去苦乐存

【原文】

水不波则自定，鉴不翳则自明。故心无可清，去其混之者，而清自现；乐不必寻，去其苦之者，而乐自存。

【译文】

不起波浪的水面，会显得很平静；没有被灰尘遮蔽的镜面，就会显得很明亮。因此，人心无需刻意去清洗，只要去掉私心杂念，内心就自然会纯净无邪；快乐不必特意寻找，只要摆脱心中的苦恼，快乐就会自然呈现。

【赏析】

《列子·天瑞》载："杞国有人，忧天地崩坠，身亡所寄，废寝食者。"事实上，世间确有很多这样的杞人，终日自寻烦恼。有些人身在福中不知福，整天愁眉紧锁，苦苦寻觅虚无缥缈的快乐，殊不知，只要他摆脱那些琐屑烦恼,快乐的心情就会自然呈现了。还有人为了保持清高而刻意绝欲苦行,然而,只要那些搅扰人心的杂念能够消除,人心也就自然纯净了,大可不必着意为之。所以说:"世上本无事,庸人自扰之。"

一言一行　切戒犯忌

【原文】

　　有一念而犯鬼神之禁,一言而伤天地之和,一事而酿子孙之祸者,最宜切戒。

【译文】

　　如果因为一念之差而触犯鬼神的禁忌,因为一句话而伤害天地间的自然和谐,因为一件事而给子孙后代酿成大祸,那么我们就应当特别谨慎自己的言行举止。

【赏析】

　　有时候,大祸临头并不是由于犯下了滔天罪行,而是因为一言一行、一举一动招致了祸患。古有因为一句"清风不识字,何故乱翻书"而获罪抄斩的,也有因为一念之差如变节投降而受后人唾弃的。凡大事必从小处着眼,我们在平时的为人处世之中应谨言慎行,这样才可远离祸害、保全自身。

欲擒故纵　宽之自明

【原文】

　　事有急之不白者,宽之或自明,毋躁急以速其忿;人有操之不从者,纵之或自化,毋操切以益其顽。

【译文】

有些事越是急切越弄不明白,如果宽限一些时日,或许就能弄明白,千万不要操之过急而增加情绪上的紧张;有些人不服从指挥,如果放松管束的话,或许还能使他有所感化,千万不要操之过甚而增加他的抵触情绪。

【赏析】

俗话说:"欲速则不达。"在心急火燎、情急紧张的情况下,往往不能明辨是非,难以正确处理事情,反而越理越乱,扯出千头万绪。这时,我们应当放缓心情,在平和的状态下有条不紊地处理问题,才会有效果。处事如此,待人亦如此。教育世人要讲究方式方法,过分严厉反令人产生消极抵抗情绪和逆反心理,不如使用迂回曲折之法,欲擒故纵,这样才能令人心服口服。

不能养德　终归末技

【原文】

节义傲青云,文章高白雪,若不以德性陶镕之,终为血气之私,技能之末。

【译文】

具有高尚节操和浩然正气的人傲视功名利禄,写出来的文章可以胜过阳春白雪般的高雅之作,但如果不用道德修养来怡情养性,那么所谓的气节最终会为一时的冲动所左右,所谓的绝妙文章也不过是雕虫小技而已。

【赏析】

《左传》曰:"太上有立德,其次有立功,其次有立言,虽久不废,此之谓不朽。"立德者,如尧舜禹;立功者,如唐宗汉武;立言者,如司马迁、司马光等。显而易见,如果没有道德品行作为基础,无论是建功立业,还是著书立说,都只能是无源之水、无本之木。只有时刻注重自己的道德修养,才能指引人生走向正确之路。

急流勇退　与世无争

【原文】

谢事当谢于正盛之时,居身宜居于独后之地。

【译文】

要学会在事业如日中天的时候急流勇退,修身养性适宜居住在与世无争、清静无为的地方。

【赏析】

"长江后浪推前浪"说明了新陈代谢、新旧更替是自然之理。一个人有可能风光一时,却不可能永远独占鳌头,多少意气风发、雄才大略之人都在无奈之中退出了历史舞台。既知如此,就当存有急流勇退之心,让出空间,把机会与人分享。否则,只会被人冠以各种骂名,得不偿失。即便隐退,也并不就意味着无所作为。如果能潜心向道,修养身心,也不失为一种积极向上的生活态度。

细处着眼　施不求报

【原文】

谨德须谨于至微之事,施恩务施于不报之人。

【译文】

谨守道德应该从细枝末节处做起,恩惠应当施舍给那些无法回报的人。

【赏析】

古语有云："勿以善小而不为,勿以恶小而为之。"不言而喻,道德的培养从来都是从点滴做起。只有注意了各种细枝末节,才不至于在大处犯下过失。而对于施舍恩惠的对象我们应当有所选择,只有去帮助那些没有回报能力的人,才能杜绝我们思其回报的私心,才能真正有益于善心的培养,否则这种伪善只会祸害无穷。

清心去俗　趣味高雅

【原文】

交市人不如友山翁,谒朱门不如亲白屋;听街谈巷语,不如闻樵歌牧咏;谈今人失德过举,不如述古人嘉言懿行。

【译文】

与市井小民为伍,还不如和山野村老交朋友;谒见富贵权势之家,还不如亲近贫苦百姓;费心于街头巷尾的闲言碎语,还不如用心倾听樵夫牧童的歌唱;议论今人的言行过失和品德败坏,还不如去讲述古人的美好言行和高尚品德。

【赏析】

市井之徒、权势之家都有挥之不去的庸鄙之气,与之交往只会让自己的心地有所玷污;而那些山野村人、平民百姓却是本着自然之性,纯朴敦厚,与之结交可以涤荡心灵、怡情养性。时刻唠叨别人的闲言碎语,说长道短,实在毫无益处,只会惹人生厌。与其如此,不如静下心来听闻樵夫牧童的歌咏之声、短笛之音,或者用心谛听古人的善行美德,这样不仅可以培养高尚情操,还可以避开许多是非长短。涉世之道应该学会如何取舍。

修身种德　事业之基

　　德者,事业之基,未有基不固而栋宇坚久者。

　　修身进德是成就功业的基础,从来就没有听说过根基不牢而修建的屋宇房栋能够坚固耐用的。

　　房屋之坚固有赖于地基之牢靠,如若不然,就会有坍塌的危险。而人一生的行成败毁则由其品德之高下决定。道德高尚的人光明磊落、助人为乐,其言行举止皆中规中矩,其所作所为都于人于己有利,这样的一生是畅通无阻的。而品德败坏之人专行不义之事,急功近利、损人利己,终究有一天会"多行不义必自毙"。

心善子盛　根固叶荣

　　心者,后裔之根,未有根不植而枝叶荣茂者。

　　诚善之心是繁衍子孙后代的根本,从来就没有听说过不培植树根就能长出枝繁叶茂的大树来的。

　　常言道:"龙生龙,凤生凤,老鼠的儿子会打洞。""有其父,必有其子。"家庭环境对一个人的影响是举足轻重的。孩子从小就受父母的言行耳濡目染,父母是其启蒙老师。不同的家庭、不同的教育方式会造就千差万别的孩子。为了使孩子在一个健康、良好的环境中成长,为人父母者首先就要品行端正、道德高尚,这样才能培养出优秀的下一代,否则就只会是"上梁不正下梁歪"。

勿昧所有　勿夸所有

【原文】

前人云:"抛却自家无尽藏,沿门持钵效贫儿。"又云:"暴富贫儿休说梦,谁家灶里火无烟?"一箴自昧所有,一箴自夸所有,可为学问切戒。

【译文】

古人说过:"有些人把自家财富放在一边,搁置不用,却学着贫穷之人拿着钵子沿街乞讨。"古人又说:"突然暴富的穷人不要狂妄自大,谁家灶膛里的柴火不冒烟呢?"前一句表现的是竭力隐瞒自家的所有,后一句表现的是卖力夸耀自己的所有,这两点都是做学问的人要特别引以为鉴的。

【赏析】

做学问之人容易走向两个极端:或者四处卖弄夸耀自己的学识,矜骄自傲;或者秘而不宣,垄断知识成果。前者会导致骄傲自满、落后无知,但是危害还仅仅限于个人。而如果我们所有人都像后者那样,拒绝交流与合作,拒绝把自己的各项成果应用于世,那么我们的社会就只会停滞不前了,后果不堪设想,那将是多么可悲啊!

道德学问　人皆可修

【原文】

道是一件公众物事,当随人而接引;学是一个寻常家饭,当随事而警惕。

【译文】
【译文】

修养德行是大家都可以去追求的事,应当随着个人的不同特性而加以引导;做学问就像平常吃饭一样,应当随着事情的变化而有所警惕。

【赏析】

真理是人类共同的财富,是任何人都可以追求的目标,所以说,真理的对象具有普遍性。同时,真理的对象又有其特殊性。世间之人千差万别,虽然都是朝着真理这个方向奋进,但还是要根据不同人的特性区别对待和引导,这样才能使每个人都找到一种适合自己的方法去追求理想。所谓"处处留心皆学问",做学问不是纸上谈兵、生搬硬套,要学会留意观察,任何细小之处都有可能给人以启发。因此,那些故弄玄虚、不切实际的学问只能是假之又假。

信人己诚　疑人己诈

【原文】

信人者,人未必尽诚,己则独诚矣;疑人者,人未必皆诈,己则先诈矣。

【译文】

信任别人的人,即使并非所有的人都十分诚实,但是他自己是诚实的;怀疑别人的人,即使并非所有的人都非常伪诈,但是他自己已经很伪诈了。

【赏析】

诚信待人是每个公民都应遵守的基本准则,只有做到互相信任、开诚布公,才能建立一种和谐良好的社会关系,人们才能在一种愉悦轻松的氛围中安心工作和生活。反之,疑神疑鬼只会令人感到紧张不安,不利于安定团结,使周围的朋友逐渐远离你。所以,做人要以诚信为先,做到用人不疑、疑人不用。

春风催生　寒风残杀

【原文】

念头宽厚的,如春风煦育,万物遭之而生;念头忌刻的,如朔雪阴凝,万物遭之而死。

【译文】

一个胸怀宽广、心地厚道的人就像一阵和煦的春风,催生万物,带来勃勃生机;一个心胸狭隘、天性刻薄的人就如一场冰雪风暴,摧残万物,留下一片萧索。

【赏析】

俗话说:"良言一句三冬暖,恶语伤人六月寒。"一个心地善良、宽厚仁慈的人在平时的生活中表现出的一言一行,都能在潜移默化中感化他人,起到一种教育引导作用。那种心地刻薄、念头阴冷的人只会令人不寒而栗,唯恐避之不及,这种人不仅于自己无益处,于社会也无任何功劳可言。

善根暗长　恶损潜消

【原文】

为善不见其益,如草里冬瓜,自应暗长;为恶不见其损,如庭前春雪,当必潜消。

【译文】

做了好事不一定就能收到立竿见影的效果,但是这种影响就像埋在草下的冬瓜,时刻都在暗暗地生长;做了坏事不一定马上就有报应,但是这种恶果就像早春庭院前未融的冰雪一样,总有一天会融化殆尽,损人心志。

【赏析】

"天网恢恢,疏而不漏。"凡是好人终究会有好报,凡是恶人必定会受到法律的制裁。有些人因为做过一些善事而没有立即得到回报,于是就疑心"善有善报"的正确性。对此,首先我们要打消那种功利性的念头,然后再回过头来想,如果你的帮助能解他人的燃眉之急,能救人于水火,你不觉得自己的存在很有意义、很有价值吗?这是任何物质金钱都无法替代的。就那些作恶多端、贪赃枉法的人而言,虽然能侥幸逃过一劫,但他们注定了要落入法网之中,受到应有的惩罚,为他们的行为付出代价。

愈隐愈显　愈淡愈浓

【原文】

遇故旧之交,意气要愈新;处隐微之事,心迹宜愈显;待衰朽之人,恩礼当愈隆。

【译文】

遇到知交旧友愈要热情周到、真心实意;处理隐秘难言的事愈要光明磊落、胸怀坦荡;对待衰败可怜的人愈要恭敬有礼、盛情厚意。

【赏析】

喜新厌旧是人之常情,但是如果遇到久违的故旧知交还是应该以真诚相待;有些事情虽属私密,但是处理这些事情的时候应该要光明磊落、大方坦荡;风烛残年的老人虽然不能再发光发热,但是作为年轻人,我们更应该将心比心,谁又没有老去的那一天呢?我们对于老年人要怀着敬重的心情,要热情周到。做人如果能正确处理这三种关系,就说明其道德品行已达到一定境界,应当以此为鉴,进一步培养自己的品德。

君子以勤俭立德　小人以勤俭图利

【原文】

勤者敏于德义,而世人借勤以济其贪;俭者淡于货利,而世人假俭以饰其吝。君子持身之符,反为小人营私之具矣,惜哉!

【译文】

勤奋的人十分注重对自己德行节义的操练,而世人却把勤奋当作发财致富的手段;俭约的人对功名利禄看得浅淡,而世人却把节俭当作吝啬的幌子。君子修身养性的持身之道却被小人用作谋求私利的工具,真是可惜啊!

【赏析】

勤劳节俭本是一种美德,但是如果被小人用作囤积私利、掩饰吝啬的工具,那就另当别论了。所以,对于任何事物我们都要别具慧眼,不能仅凭表面现象就断定其本质。比方说,有些官员打着"为人民服务"的旗帜,俨然以人民公仆自居,但是暗地里却尽干一些贪赃枉法、以权谋私的勾当,这种官吏难道还要受到人民的拥护吗?

意气用事　难有作为

【原文】

凭意兴作为者,随作则随止,岂是不退之轮;从情识解悟者,有悟则有迷,终非常明之灯。

【译文】

凭着意气冲动做事的人,随着兴致的涨落而有所终止,这怎么可能成为永不后退的车轮呢? 从情感意识出发去领悟事理的人,既有所领悟,也有所迷惑,终究不是永葆智慧光芒的长明灯。

【赏析】

"世上无难事,只怕有心人。"无论多么艰难困苦的事,只要我们持之以恒,连铁杵也可以磨成绣花针。如果仅凭一时兴趣去做某事,那结果只会有始无终,因为一时的热情消失之后,人的动力也随之消失了。我们要学习愚公移山的精神,既要有坚韧不拔的意志力,又要有坚不可摧的自信心。追求真理只有坚持不懈,才能悟得玄机、把握真趣,否则,仅从情感出发,终会有所迷惑。

律己宜严　待人宜宽

【原文】

人之过误宜恕,而在己则不可恕;己之困辱宜忍,而在人则不可忍。

【译文】

对于别人的过失和错误要采取宽恕容忍的态度,而对于自己则应当要从严要求;对于自己面临的困苦和屈辱要坚决承受和忍耐,而尽量不要让别人来承担。

【赏析】

人们往往喜欢挑剔别人的缺点,却无视自身的缺点。但是,在生活中我们却要尽量做到严于律己,宽以待人。只有对自己要求严格,才能促使自己不断进步,不断完善;只有对他人宽容大度,才能得到他人的谅解与支持，才能做到互惠互利。所以，为人处世不可不为他人着想，要学会站在别人的立场看待问题，这样才会使自己的心胸更加宽广，使自己与他人的关系更加融洽。

为奇不异　求清不激

【原文】

能脱俗便是奇，作意尚奇者，不为奇而为异；不合污便是清，绝俗求清者，不为清而为激。

【译文】

能超凡脱俗就是奇人，刻意标新立异、追求奇特的人并非奇才，而是行为怪异之人；不同流合污就是品行高尚的人，刻意与世俗红尘划清界限以博得清白之名的人，并非高雅之士，而是行为偏激之人。

【赏析】

要摆脱物欲名利的诱惑做一个超凡脱俗的人是不容易的，需要长时间的磨炼与打造。只有修身养性达到一定程度之后才可进入此中境界，成为名副其实的奇人。既然如此，就可知道那些标新立异之人只不过是噱头小丑，不可与真正的奇人相提并论。同样，有人因追求清高之名而刻意断绝与世俗的一切交往，这种偏激行为只会招人怨恨，而真正的高洁之士具有坚韧不拔的意志力，他们不需要遁世隐居也能够出淤泥而不染。

恩宜后浓　威宜先严

【原文】

恩宜自淡而浓，先浓后淡者，人忘其惠；威宜自严而宽，先宽后严者，人怨其酷。

施与恩惠应当由少到多,如果一开始施与很多,而后逐渐减少,那就容易使人淡忘他的恩德;树立威信应当要从严厉到宽勉,如果一开始持宽厚态度,而后却逐步严厉,那就容易滋生人们的怨恨心理。

【赏析】

《庄子·齐物论》载:"狙公赋芋,曰:'朝三而暮四。'众狙皆怒。曰:'然则朝四而暮三。'众狙皆悦。"这个寓言说明,在客观条件不变的前提下,有时只要稍微改变一下手法,就可能收到截然不同的效果。施与恩惠时要由少至多,在这一个渐进的过程中,别人很容易感受到那种恩惠的深浓。反之,如果由多至少,就会招致别人的猜忌,甚至不满。威信的树立也要选择严宽之先后,所谓"新官上任三把火",这"火"就是一个下马威,这种先入为主的印象便于在日后的管理中产生效应,到时,再适当地加以宽待,自然会令人心悦诚服。

心虚性现　意净心清

【原文】

心虚则性现,不息心而求见性,如拨波觅月;意净则心清,不了意而求明心,如索镜增尘。

【译文】

心如止水,毫无杂念,人的真性情就会自然流露。不排除私心杂念而要寻求真本性,就像拨弄水面寻找月亮般徒劳无益。意念清净然后会有心灵的纯洁,不了解心头所存的各种欲念而要求得到内心的明净,就如同本就不明净的镜子上又蒙了一层灰。

【赏析】

身处凡世俗尘中，每天被纷繁杂事所搅扰，有时候也有返璞归真的愿望，然而却又难以实现，缘何？因为人之真性本乎自然，植根在一片纯洁无瑕的土壤中，要想观得真心本性，必须要除却所有的私心妄念，只有这样，才能使掩藏其下的真我完全呈现出来。

物自为物　我自为我

【原文】

我贵而人奉之，奉此峨冠大带也；我贱而人侮之，侮此布衣草履也。然则原非奉我，我胡为喜？原非侮我，我胡为怒？

【译文】

我富贵的时候人们都敬奉我，他们敬奉的是我的官帽官服；我贫贱的时候人们都轻视我，他们轻视的是我的布衣草鞋。反正他们原本敬奉的就不是我本身，只是我的高官厚禄而已，我有什么可高兴的呢？他们原本轻视的也不是我本身，只是我贫贱卑微的身份而已，我又有什么可生气的呢？

【赏析】

"人生本无常，盛衰何足恃。"趋炎附势、人走茶凉本是社会炎凉的真实表现，很多人都会经历此种情形，但能否看破这一切就另当别论了。看破者，无论是在炙手可热之时，还是在门庭冷落之际都能坦然面对，保持一份淡定情怀，只有这种人才算是大彻大悟，才是真正的逍遥自在。那些困于此中无法挣脱的人，则会时喜时悲，患得患失，生活在一种痛苦的状态中。

慈悲心肠　繁衍生机

【原文】

　　"为鼠常留饭,怜蛾不点灯",古人此等念头,是吾人一点生生之机。无此,便所谓土木形骸而已。

【译文】

　　"经常为挨饿的老鼠留些剩饭,为避免可怜的飞蛾扑火而特意不点灯",古人的这些慈悲心肠就是我们得以繁衍生息的玄机所在。没有这些慈悲心肠,我们人类就只是徒具躯壳的行尸走肉。

【赏析】

　　我们生活在同一片蓝天下,沐浴着同一片阳光,对于我们人类共同的家园,我们有责任有义务贡献出自己的爱心和力量。"只要人人都献出一点爱,世界将变成美好的人间",这句曾经广为传唱的歌曲至今仍不失其感染力。就我们个人而言,我们需要有一种悲天悯人的情怀,多给他人以温暖和帮助,才能在整个社会中营造出一种和谐互助的气氛,才能令我们的社会充满欣欣向荣之态。

心体天体　人心天心

【原文】

　　心体便是天体。一念之喜,景星庆云;一念之怒,震雷暴雨;一念之慈,和风甘露;一念之严,烈日秋霜。何者少得,只要随起随灭,廓然无碍,便与太虚同体。

【译文】

　　人的真心本性如同宇宙自然的本体。当喜悦的念头出现的时候,就

119

好比天空呈现出吉星高照、祥云笼罩的气象;当愤怒的念头闪现的时候,就好比天空中呈现出电闪雷鸣、风雨交加的景象;当慈善的念头出现的时候,就好比和煦的春风吹过,甘甜的雨露降临;当严厉的念头闪现的时候,就好比烈日当空、秋霜遍野。这些喜怒严慈的念头缺一不可,只要能够在兴起之后又随即消失,就会觉得心中豁然开朗,无牵无挂,简直就与自然宇宙融为一体了。

【赏析】

古有所谓天人感应论,人之喜怒哀乐与自然之天气变化有某种相通之处。大自然之风云雷电随时兴起,随时消逝,不会给宇宙带来任何妨碍。既然人与大自然有可通之处,理当对其有所借鉴。所以,对于人之喜怒哀乐,我们应当有所节制,不能任意而为,只有这样,才不会影响心灵的纯正平和。

无事寂寂　有事惺惺

【原文】

无事时,心易昏冥,宜寂寂而照以惺惺;有事时,心易奔逸,宜惺惺而主以寂寂。

【译文】

人在闲散空虚之时,心思容易陷入昏乱迷惘之中,此时应当保持心平气和之态以提高警觉;人在紧张忙碌之时,最易感到烦躁不安、冲动任性,此时应当在紧张的状态中保持相当的冷静。

【赏析】

一般而言,闲来无事时容易产生空虚之感,或者喜好胡思乱想,最终弄得脑海里一片混乱,不得安宁。而忙碌之时,脑子里又装满了各种各样的事情,难以理清头绪,结果也是手忙脚乱,心浮气躁。所以说,无论是处于何种情况之中,都要毫无二致地保持头脑清醒。

议事论事　明晓利害

【原文】

　　议事者,身在事外,宜悉利害之情;任事者,身居事中,当忘利害之虑。

【译文】

　　商讨事情的人因为置身于事外,则更应该要洞悉事情的所有利益弊害之处;参与做事的人,因为置身于事中,则更应当要忘却私人的各种利害得失。

【赏析】

　　俗话说:"当局者迷,旁观者清。"因为置身于事外,所以能够保持清醒头脑,能够冷静地分析和处理问题,能够对事情做出比较公允、客观的评价。在生活中,如果有所迷惑,不妨向局外人讨教一二,或许会令你豁然开朗。那些置身于事中的人则需要花费更多的心思,一方面,自己要亲自处理事情,另一方面,又要把自己当作局外人来看待。只有正确处理好二者的关系,才不至于在涉及物欲名利的事情中有所变节。

操履严明　亦毋偏激

【原文】

　　士君子处权门要路,操履要严明,心气要和易;毋少随而近腥膻之党,亦毋过激而犯蜂虿之毒。

【译文】

　　品德高尚的君子处于富贵权势之中时,尤其应当注意自己的节行操守要严正清明,自己的心地气度要平易和善。不要因为随附别人而无意中亲近了奸险小人,也不要因为过于偏激而触犯他人,以免遭受不虞之患。

【赏析】

身处官场之中,彼此间的尔虞我诈是非常残酷的,稍有不慎就会陷入万劫不复的深渊。所以,或如陶渊明般辞官隐居,"采菊东篱下,悠然见南山";或者身居朝廷仍坚守节操,禀性不移。除此之外,在保证自己出淤泥而不染的同时,还要尽量避免论调过高、锋芒毕露,只有保持一种平易近人的态度,才不至于受人排挤、遭人谗害。

浑然和气　居家之珍

【原文】

标节义者,必以节义受谤;榜道学者,常因道学招尤。故君子不近恶事,亦不立善名,只浑然和气,才是居身之珍。

【译文】

标榜节行义气的人必定因此而招致他人的毁谤;鼓吹道德义理的人必定因此而招致苛责。所以,君子既不与坏事沾边,也不刻意营求行善之名,只有敦厚朴实、一团和气,才是立身处世的无价珍宝。

【赏析】

那些刻意谋求声名的人,四处奔走,到处钻营,其阴暗心思终究会为人所看破,反而招致诋毁和怨尤。事实上,一个真正有名望、有影响力的人无须为此而殚精竭虑,只要坚持修身养性,不做恶事,人们对你的赞誉就会纷至沓来,自然就声名远扬了,此所谓"酒香不怕巷子深"。所以说,无论多么美好的声名其实都源自纯朴和天然。

122

诚心和气　激励陶冶

　　遇欺诈的人,以诚心感动之;遇暴戾的人,以和气薰蒸之;遇倾邪私曲的人,以名义气节激励之。天下无不入我陶冶中矣。

【译文】

　　遇到虚伪奸诈之人,就用真心实意去感化他;遇到粗暴乖戾之人,就用和善之气去熏陶他;遇到邪恶自私的小人,就用道德节义去激励他。如此一来,天下所有的人都能受到我的陶冶教化了。

【赏析】

　　感化和教育他人要因人而异,对症下药。对待欺诈之人就用诚心去熏陶他,对待暴戾之人就用一团和气去温暖他,对待邪恶小人就用浩然正气去激荡他,只有这样,才会各得其所。因此,在劝化和教导他人的时候,不能一味针尖对麦芒,有时候以柔克刚的手法能产生出人意料的效果。

一念慈祥　寸心洁白

【原文】

　　一念慈祥,可以酝酿两间和气;寸心洁白,可以昭垂百代清芬。

【译文】

　　心中存有慈善的念头,就可以在天地之间营造出一派祥和的气氛;保持高尚纯洁的心灵,就可以留下千古美名,造福百世后代。

　　许多名垂千古之人既没有盘古开天之丰功,也没有后羿射日之伟绩,他们仅凭一颗丹心、一片赤诚、一念慈祥,就足以让后人敬仰。作为芸芸众生中的我们,虽然平凡,但只要每个人能谨慎其德,大公无私,无愧于天地,就可以成为平凡中的伟大人物,其精神正气将会流芳百世。

异行奇能　涉世祸胎

【原文】

　　阴谋怪习,异行奇能,俱是涉世的祸胎。只一个庸德庸行,便可以完混沌而召和平。

【译文】

　　阴险的诡计,古怪的陋习,怪异的行为,奇特的才能,都是涉身处世招致祸患的根源。只有保持凡人的品德和习性,才能成全自己的纯真本心,享有和平。

【赏析】

　　很多人都为自己的默默无闻、平凡渺小而感到苦恼,以为虚度了此生,浪费了生命。那就让我们把目光投向那些叱咤风云的人物吧,他们虽然红极一时,笑傲天下,但他们失去的自由、安宁乃至天伦之乐也是一笔惨重的代价,或许最终还落得灰飞烟灭的结局。两相权衡,前者的生活方式虽然平淡,但却真实;后者虽然轰烈,但却虚幻。总之,各有侧重,各有其生命的意义。

忍得耐得　自在之境

【原文】

语云："登山耐侧路,踏雪耐危桥。"一"耐"字极有意味。如倾险之人情,坎坷之世道,若不得一"耐"字撑持过去,几何不堕入榛莽坑堑哉?

【译文】

俗语说:"登山要能耐得住艰难险道,踏雪要能耐得住危险桥梁。"一个"耐"字富含无穷意蕴。如同险恶莫测的世事人情,坎坷崎岖的人生道路,如果不靠着一个"耐"字支撑下去,能不堕入荆棘草莽的深渊中的人又有几个呢?

【赏析】

《史记·太史公自序》曰:"昔西伯拘羑里,演《周易》;孔子厄陈、蔡,作《春秋》;屈原放逐,著《离骚》;左丘失明,厥有《国语》;孙子膑脚,而论兵法;不韦迁蜀,世传《吕览》;韩非囚秦,《说难》《孤愤》;《诗》三百篇,大抵贤圣发愤之所为作也。"如今,当我们捧读经典,如饥似渴地汲取养分的时候,我们不能不被古人的精神所折服。如果在那种艰苦恶劣的环境下没有坚韧不拔的忍耐力和意志力,何以会有这些鸿篇巨制流芳百世呢? 所谓"宝剑锋从磨砺出,梅花香自苦寒来""十年寒窗无人问,一举成名天下知"。只要肯下苦功,耐得住清寒与寂寞,终归会有看见光明的一天。

心体莹然　本来不失

【原文】

夸逞功业,炫耀文章,皆是靠外物做人。不知心体

125

莹然,本来不失,即无寸功只字,亦自有堂堂正正做
人处。

【译文】

夸耀自己的功名事业,卖弄自己的文章,这都是靠身外之物来装点
做人的门面。殊不知,只要内心纯洁无邪,不失自然本性,即便没有半寸
功劳,没有只言片语,也有其堂堂正正做人的妙处。

【赏析】

做人要讲究实在,不要玩弄虚招,那些凭靠一纸文章、一张利嘴来夸
饰堆砌自己的做法终究不是长久之道,总有一天会败露心迹,遭人耻笑。
只有做一个诚心实意的人,修炼道德、培养情操,才能经受住任何考验,
轻轻松松享受美妙生活。

一张一弛　事先安排

【原文】

忙里要偷闲,须先向闲时讨个把柄;闹中要取静,
须先从静处立个主宰。不然,未有不因境而迁,随事而
靡者。

【译文】

要想在忙碌的时候得点空闲,就必须在闲散的时候有所用心;要想
在喧闹的环境中求得片刻安宁,就必须在安静的时候磨炼品性。如果不
这样,就很容易随着环境的改变而有所变节,随着时代潮流的变迁而有
所消靡。

【赏析】

处变不惊、临阵不慌的本领并非天然,而是得益于平时的积累。在

日常工作和生活中处事要有条不紊,做到有计划、有安排,尤其要注重劳逸结合、张弛有度,这样才能确保效率。只有养成这种良好的习惯,才能对出现的任何突发事件应对自如,保持清醒敏锐的头脑。

为民请命　造福子孙

【原文】

不昧己心,不尽人情,不竭物力,三者可以为天地立心,为生民立命,为子孙造福。

【译文】

不欺骗自己的良心,不违背人之常情,不耗尽物质财力,做到这三点就能够在天地之间树立自己的善心,为老百姓的安身立命做出贡献,为子孙后代积累福祉。

【赏析】

立功德于天地间,造福于百姓后代,是泽被四海的千秋伟业。此虽为大事,但却离不开我们每个个体的努力与奉献。就单个的人而言,我们要保证无愧于心、不违背人伦常情、不浪费财力等等。只有人人都做到这些,才能营造出融洽和谐的社会气氛,才能为子孙后代留下福祉。

居官公廉　居家恕俭

【原文】

居官有二语,曰:"唯公则生明,唯廉则生威。"居家有二语,曰:"唯恕则情平,唯俭则用足。"

【译文】

做官有两句警言,即:"只有公正无私才能明察秋毫,只有清正廉明才能树立威信。"持家有两句警言,即:"只有宽宏大量才能性情平和,只有勤俭节约才能物丰用足。"

【赏析】

俗话说:"家和万事兴。"同一屋檐下的家庭成员每天共处一室,难免会发生一些龃龉与冲突,如果不能处理好这些家庭矛盾,就不利于安定团结,就会使家庭成员各怀异心。只有多一分宽容,多一点谅解,才能和睦相处。持家之道还要讲究勤俭节约,对于日常生活用度要有所计划,否则就会落得寅吃卯粮,弄得全家上下人心浮动,怨声四起。而居官者,管理着成千上万个家庭,尤其要讲究公正廉明,秋毫无犯。只有如此,才能树立威信、以德服人,受到老百姓的拥护和爱戴,才能把这个大家庭治理得井井有条,欣欣向荣。

富贵知贫　少壮念老

【原文】

处富贵之地,要知贫贱的痛痒;当少壮之时,须念衰老的辛酸。

【译文】

生于富贵之家,应当要知道贫苦之人的困顿艰难;青春年少时,应当要念及年老体衰之人的辛劳与悲哀。

【赏析】

"人无远虑,必有近忧。"为人处世要把目光放长远,鼠目寸光只会招致祸患。因此,人在发达的时候不要忘记忆苦思甜,要时刻牢记人生之中既有顺境,又有逆境,这样才会促使自己在前进的道路上保持谨慎。年轻人在意气风发之时不要对身体衰朽的老年人嗤之以鼻,任何人都会有年老的一天。我们不仅要尊重老人,还要想到为自己以后年老的生活有所积累,这样才可保证一生无忧。

气量宽厚　兼容并包

【原文】

持身不可太皎洁,一切污辱垢秽要茹纳得;与人不可太分明,一切善恶贤愚要包容得。

【译文】

立身处世不要过于清高自负,对于一切丑陋、肮脏的东西要能用平常心来接受;与人交往不要把界线划得太过分明,对于一切善良、邪恶、聪慧、愚蠢都要有所包容。

【赏析】

做人应以宽大为怀,前人有云:"容得几个小人,耐得几桩逆事,过后颇觉心胃开阔、眉目清扬;正如人吃橄榄,当下不无酸涩,然回味时满口清凉。"因此,对于那些污秽邪恶之事,我们要有一颗包容谅解之心,否则,只会因为自命清高而变得气量狭隘,成为刻薄寡恩之人,实在不可取。虽然我们强调做人要坚持原则,但并非一味僵守教条、冥顽不化,而是在大原则不变的条件下,灵活变通地处理各种事情,既不有愧于自己的道德,又能保全自身。

勿仇小人　勿媚君子

【原文】

休与小人仇雠,小人自有对头;休向君子谄媚,君子原无私惠。

【译文】

不要与小人结下仇怨,小人自会有他的冤家对头;不要向君子献媚取宠,君子本不会为私情而施恩惠。

【赏析】

小人虽是"过街老鼠,人人喊打",但人们也犯不着与他们大动干戈,结下仇怨,所谓"恶人自有恶人磨,好人总有好心报"。小人之所以没有受到报应,只是时候未到,待到时机成熟,自会有食其恶果的一天。君子固然为我们所爱慕和敬重,但是对待君子也不宜过于谄媚,卑躬屈膝,这样反令君子无所适从,心生厌恶。只有不卑不亢、落落大方,才能和君子平等对话,学有所获。

疾病易医　魔障难除

【原文】

纵欲之病可医,而执理之病难医;事物之障可除,而义理之障难除。

【译文】

放纵欲望的毛病可以医治,而固执己见的毛病却难以纠正;一般事物的障碍还能够除去,但是义理方面的障碍却难以消除。

【赏析】

"江山易改,本性难移"说明了心病之医治比任何事物都要困难。人的身上可能会存在各种各样的缺点,有些比较明显,有些却不易为人所察觉。那些易为人知的缺点所带来的祸害相对而言还比较小,只要过而能改,就仍不失为善人。然而,如果一个人的内心顽固不化,至理难通,则非一朝一夕可以察觉,可以疏通的。我们常说"解放思想",针对的就是观念偏执、思维僵化,要根除这种顽疾,需要长时间的自我斗争与自我批评,直到有一天心有顿悟,打开心结,才算药到病除。

金需百炼　矢不轻发

【原文】

磨砺当如百炼之金,急就者非邃养;施为宜似千钧之弩,轻发者无宏功。

【译文】

意志的磨炼应当要像金石般经过千锤百炼,急于求成的人不会有很大的成就;欲有所作为就应当像蓄满千钧之力后而引发的弓箭,轻易发箭是不会建立宏大功业的。

【赏析】

于谦的《石灰吟》曰:"千锤万凿出深山,烈火焚烧若等闲。粉骨碎身浑不怕,要留清白在人间。"要想保持品行高洁,要想有所成就,都需要长期的磨炼,任何急功近利的做法都不会取得如期效果。只有经过充分的准备和长期的磨炼,才能厚积薄发、一鸣惊人。

戒小人媚　愿君子责

【原文】

宁为小人所忌毁,毋为小人所媚悦;宁为君子所责备,毋为君子所包容。

【译文】

宁可被小人嫉妒毁谤,也不要被小人趋奉承迎;宁可被君子责备批评,也不要被君子原谅宽容。

【赏析】

小人与君子的所作所为经常是相反相对的。凡是小人津津乐道、大加赞赏的事情必为君子所不齿,而凡是小人切齿痛恨、肆意诋毁的事情却为君子极力称赞。我们宁愿备受君子的严厉责备,也不要听取小人的甜言蜜语,这样才能磨炼自己的心性,抵御"糖衣炮弹"的侵袭。

好利害浅　好名害深

【原文】

好利者,逸出于道义之外,其害显而浅;好名者,窜入于道义之中,其害隐而深。

【译文】

贪图物质利益的人,其行为超出了道德节义的范围,所造成的危害显而易见,因而不是很重大;喜好显身扬名的人,其行为隐藏在道德节义之中,所造成的危害隐而不见却更加深重。

【赏析】

热衷名利追逐常常会危及人心,生出祸端,但由名和利所带来的弊害是不能混为一谈的。贪图钱财之人,其物欲之炽,促使他甘犯众怒,不惜冲破道德法律之束缚以求获利,对于他的行为,世人都看得很清楚,也深知其恶。然而,还有一种隐而不显、贪图声名之人,这类人满嘴仁义道德,内里却包藏祸心,他们常常是"挂羊头卖狗肉",对于这种表里不一的人,我们尤其要多加提防,否则,冷不丁被其反咬一口,会不堪其苦。

忘恩报怨　刻薄之极

【原文】

受人之恩,虽深不报,怨则浅亦报之;闻人之恶,虽隐不疑,善则显亦疑之。此刻之极,薄之尤也,宜切戒之。

【译文】

受到别人很大的恩惠却不图回报,对于他人的怨恨却睚眦必报;听到别人的恶行虽然隐曲却并不表示怀疑,明知别人的善行却总是将信将疑。这种刻薄至极的行为,我们一定要引以为戒。

【赏析】

以怨报德、忘恩负义之人是最为可耻的,他们不仅品德败坏,作践自己,还严重伤害了他人的善意情感,妨碍了社会正义之风的形成。从此角度而言,他们是社会的罪人。还有一种心态尖刻之人,不仅自己不惩恶扬善、匡扶正义,反而对行善之人多加怀疑,不予肯定,令人可悲可恨。这两种人的刻薄心理都源于他们的心胸狭隘,忽视了对道德品性的修炼与培养。

不畏谗言　却惧蜜语

【原文】

谗夫毁士,如寸云蔽日,不久自明;媚子阿人,似隙风侵肌,不觉其损。

【译文】

好进谗言、善于毁谤的人所说之话就像小块的乌云遮蔽了太阳,不久就会云破天开,迎来光明;阿谀谄媚、曲意逢迎的人所说之话就像从缝隙中吹出的冷风,侵入肌肤,身体不知不觉就受到了损害。

【赏析】

人人都知道恶语伤人,却往往忽略了口蜜腹剑的伤害。流言蜚语能一时蒙蔽人心,但"谣言止于智者",总会有曲直忠奸大白于天下的一天。而那些听起来非常受用的甜言蜜语却只会一点一滴地瓦解人们的防线,让人放松警惕,最终全面崩溃、陷入困境。我们都熟知关于乌鸦和狐狸的故事:有只乌鸦得到一块肉,衔着站在大树上。路过此地的狐狸看见后口水直流,很想弄到这块肉。于是,它站在树下,大肆夸奖乌鸦的羽毛美丽,还说它应该成为鸟类之王,若能唱支美妙的歌,那就更当之无愧了。乌鸦为了要显示自己"美妙"的歌喉,便张嘴放声大叫,那块肉当然掉到了树下。狐狸跑上去,抢到了那块肉。所以说,对于那些花言巧语,我们应当要保持头脑清醒,一旦被其迷惑,就会给自己带来祸害。

清高偏急　君子重戒

【原文】

山之高峻处无木,而溪谷回环则草木丛生;水之湍急处无鱼,而渊潭停蓄则鱼鳖聚集。此高绝之行,偏急之衷,君子重有戒焉。

【译文】

高山险峻的地方没有树木生长,而溪流蜿蜒、峡谷曲折的地方却处处草木丛生;水流湍急的地方看不到鱼儿的踪迹,而在平静的渊潭底下却聚集着许多鱼鳖。所以,对于孤高绝世的行为,这种偏激急躁的心理,君子应当要谨慎戒除。

【赏析】

追求高尚的品行节操固然是理之所当,但如果过于偏激而走入极端,就只会脱离群众,高处不胜寒了。因此,为人既要品格高洁,又要平易近人,那些与世隔绝而求清高之名的人无异于缘木求鱼、舍本逐末。

虚圆建功　执拗失机

【原文】

　　建功立业者，多虚圆之士；偾事失机者，必执拗之人。

【译文】

　　建功立业、有所作为的人必定是谦虚谨慎、处世圆通之人；错失良机、碌碌无为的人必定是固执己见、刚愎自用之人。

【赏析】

　　自然之理，天圆地方，做人亦如此。人之内心要刚直不阿，但用以表现的外在形式却可以灵活多变，只要不伤大雅，不违背做人的基本原则就行。纵观那些功成名就之士，无一不是内方外圆的典型，而那些咄咄逼人、愤世嫉俗之士，却常常因为棱角太利而撞得头破血流、事业无成。正反两方面的教训告诉我们，为人要懂得方圆并用，这样才能更好地适应社会，活出自我。

处世之道　不同不异

【原文】

　　处世不宜与俗同，亦不宜与俗异；作事不宜令人厌，亦不宜令人喜。

【译文】

　　为人处世不要随波逐流、人云亦云，也不要标新立异、特立独行；做事情不要惹人生厌，也不要刻意讨人欢心。

美学中有一个论断:距离产生美。身处滚滚红尘中,要懂得把握分寸,既不能同流合污,深陷其中,又不能绝俗避世,自命清高,只有若即若离,才能明哲保身。与人交往也是情同此理。甜而发腻令人厌恶,冷而无情令人怨恨,最好是保持适中,留下更多空间。

烈士暮年　壮心不已

【原文】

　　日既暮而犹烟霞绚烂,岁将晚而更橙橘芳馨。故末路晚年,君子更宜精神百倍。

【译文】

　　虽然太阳已经落入西山,但天边的晚霞却格外璀璨夺目、绚丽多姿;虽然一年已接近尾声,但金灿灿的橙橘却散发出淡雅幽香,沁人心脾。因此,有德行的君子即使是处在穷途末路,即使已是风烛残年,也不能丧失斗志,反而要更加精神抖擞地面对生活。

【赏析】

　　虽然李商隐曾一度慨叹:"夕阳无限好,只是近黄昏。"但一代枭雄曹操以其豪情壮志告诉我们:"老骥伏枥,志在千里;烈士暮年,壮心不已。"虽然人的新陈代谢会使生命机体失去往昔的青春活力,但心为身之主,只要保持积极向上的乐观心态,就可以使生命之树常青。

聪明不露　才华不逞

【原文】

　　鹰立如睡,虎行似病,正是它攫人噬人手段处。故君子要聪明不露,才华不逞,才有肩鸿任巨的力量。

【译文】

老鹰站立的时候双眼紧闭,仿佛处于睡眠状态;老虎行走的时候步态慵懒,似乎处于生病之中,这种看似不经意的动作正是它们捕获食物、取人性命的生存手段。因此,真正聪明的君子从不炫耀、夸饰自己的才华,而是韬光养晦、深藏不露,只有这样才能担负起艰巨宏大的任务。

【赏析】

曾子说:"士不可以不弘毅,任重而道远。"同样,士不可以不敛藏,任重而道远。能够担负起历史重任的人,尽管才华横溢、能力超群,但也正因为他们的这些优点而容易遭到小人的毁谤和谗害。为了保全自身,完成使命,那些有才之人更应该做到含而不露,隐而不发,这样才能避免不必要的伤害。

过俭者吝　过谦者卑

【原文】

俭,美德也,过则为悭吝,为鄙啬,反伤雅道;让,懿行也,过则为足恭,为曲谨,多出机心。

【译文】

节俭是一种美好的品德,但是过于节俭就会变成吝啬小气,有伤大雅之道;谦让是一种美好的品性,但是过度谦让就会沦为奴颜婢膝,生出许多机巧之心。

【赏析】

《儒林外史》中有这样一个情节:"晚间挤了一屋子的人,桌上点着一盏灯;严监生喉咙里,痰响得一进一出,一声接一声的,总不得断气。

还把手从被单里拿出来,伸着两个指头。……赵氏分开众人,走上前道:
'老爷! 只有我能知道你的心事。你是为那盏灯里点的是两茎灯草,不
放心,恐费了油;我如今挑掉一茎就是了。'说罢,忙走去挑掉一茎;众人
看严监生时,点一点头,把手垂下,登时就没了气。"看到这里,不禁令人
哑然失笑。笑过之后,我们会对他的吝啬嗤之以鼻,绝不会视此节俭为
美德。对人谦恭有礼是一种有修养的表现,但是过分的谦虚就会使自己
卑躬屈膝,令人怀疑是否别有用心。所以,真理和谬误只要"失之毫
厘",就往往"谬以千里"了。

喜忧安危　勿介于心

【原文】

毋忧拂意,毋喜快心,毋恃久安,毋惮初难。

【译文】

对于不顺心的事不要忧心忡忡,对于大快人心的事不要得意扬扬,
不要过分依赖长久的安定,不要惧怕事情开始时所遇到的困难。

【赏析】

生活中的顺境和逆境都不要太过在意,要知道,顺境不会永存,可能
转化为逆境,而逆境并非一无是处,可以锻炼人的意志,丰富人的阅历,
为人生的下一步奠定牢固的基础。做人应该坦然面对人生中的大起大
落,以波澜不惊的心态来从容迎接种种挑战。

声华名利　非君子行

【原文】

饮宴之乐多,不是个好人家;声华之习胜,不是个
好士子;名位之念重,不是个好臣工。

　　醉心于歌舞宴会、饮酒作乐的人家,不是规矩正派的人家;沉迷于声色犬马、穷奢极欲的人士,不是品德高尚的君子;贪慕功名权势的臣子,不是精忠报国的好臣子。

【赏析】

　　判断一个人的德行好坏,只要留心观察他的行为举止与喜好憎恶就可知一二了。那些沉溺于声色犬马、斡旋于功名利禄之中的人,必定是在道德上有亏损的人,是不思进取之人。而那些安贫乐道之人必定是品行高洁、心性有所磨炼的人。

乐极生悲　苦尽甜来

【原文】

　　　世人以心肯处为乐,却被乐心引在苦处;达士以心拂处为乐,终为苦心换得乐来。

【译文】

　　凡俗之人把快心顺意之事当作快乐,却在不知不觉中被这种快乐引向了痛苦的边缘;通达之士把拂心之事当作快乐,终究会为这片苦心的付出而得到真正的快乐。

【赏析】

　　乐极生悲,否极泰来,说明了任何事物都有两面性,而且这对立存在的两个方面在一定条件下可以互相转换。明白了这个道理之后,就能帮助我们调整心态、从容不迫地面对风雨人生。在身处顺境之时,既要充分享受这幸福时光,又不可完全放松心思;身处逆境之时,千万不要自暴自弃,要知道无论是成功还是失败,这些经验的积累都能丰富我们的人生,促进我们的成长。

过满则溢　过刚即折

【原文】

居盈满者,如水之将溢未溢,切忌再加一滴;处危急者,如木之将折未折,切忌再加一搦。

【译文】

一个人处于巅峰鼎盛之时,就像器皿中即将溢出的水一样,哪怕只加一滴进去都不行;一个人处于紧急危难之时,就像即将折断的树木一样,哪怕是轻轻地一握也会让它受不了。

【赏析】

在古韵悠悠的乌衣巷中有人吟唱着"旧时王谢堂前燕,飞入寻常百姓家",充满了无奈与伤感,此为盛极而衰的必然之理。因此,人在志得圆满之际不要得意忘形,也许衰败的种子正随之而萌芽;人在陷入危急之中时也应当沉着冷静,以提防那种落井下石之人趁机推波助澜。

冷眼观人　冷心思理

【原文】

冷眼观人,冷耳听语,冷情当感,冷心思理。

【译文】

用冷静的眼光去观察他人,用冷静的耳朵去听取他人的言论,用冷静的心态去感知事物,用冷静的头脑去思考问题。

【赏析】

《红楼梦》中,"冷香丸"被用作治疗薛宝钗顽疾的偏方,这一"冷"字极符合薛宝钗之为人。在这个诱惑如云的社会中,我们也要有一副"冷心肠"。只有保持头脑冷静、冷眼旁观,才能不被热浪冲昏头脑,才能理智周到地解决问题,并且有利于保全自身。

心宽福厚　心窄福薄

【原文】

　　仁人心地宽舒,便福厚而庆长,事事成个宽舒气象;鄙夫念头迫促,便禄薄而泽短,事事得个迫促规模。

【译文】

　　心地善良、仁爱慈祥的人可以享受到永久的福分,他们做任何事都采取宽宏大量的态度;那些心胸狭隘、鼠目寸光之人只会得到短暂的利禄福分,他们做任何事都只图眼前利益,从不思及将来。

【赏析】

　　心地善良、宽厚大度的人在待人接物中都会留有余地,以至于可以游刃有余地穿行其中。他们在与人方便的同时也赢得了别人的信赖与肯定,为自己的生活拓宽了天地;而那些心胸狭隘的人只知道索取,不懂得奉献,当他们陷入困境的时候就会真正体味到众叛亲离、四面楚歌的悲惨心情。

闻恶防谗　闻善防奸

【原文】

　　闻恶不可就恶,恐为谗夫泄怒;闻善不可急亲,恐引奸人进身。

【译文】

　　听到别人有过失或犯下错误,不能马上就生厌恶之心,而要用心判断这是否为卑鄙小人用以泄私愤而散播的谣言；听到别人的善行不可马上就去亲近他，而要对此冷静分析，仔细甄别，以免被别人当作谋求官位的手段。

【赏析】

《孟子》中记载了一段关于如何识别才与不才的话语："左右皆曰贤，未可也；诸大夫皆曰贤，未可也；国人皆曰贤，然后察之，见贤焉，然后用之。左右皆曰不可，勿听；诸大夫皆曰不可，勿听；国人皆曰不可，然后察之，见不可焉，然后去之。左右皆曰可杀，勿听；诸大夫皆曰可杀，勿听；国人皆曰可杀，然后察之，见可杀焉，然后杀之。"对于众说纷纭的东西，我们一时难辨真假，因此不会轻易相信某个结论。但是对于众口一词的事物，我们却很容易被其牵引，被其蒙蔽，因而深信不疑。殊不知，世上还有人云亦云之说。所以，无论面对何种情况，都要明察秋毫，这样才不至于颠倒黑白、善恶不分。

躁急无成　平和得福

【原文】

性躁心粗者，一事无成；心和气平者，百福自集。

【译文】

性情急躁、粗心大意的人只会一事无成；心态平和、气度雍容的人自然会有福气临门。

【赏析】

性情急躁、粗心大意是世人最容易犯下的毛病。性情急躁之人做任何事都没有耐心，不仅影响工作情绪、工作效率，还会影响人际关系，导致一事无成。粗心大意之人往往因为自己的一点疏忽，而造成难以弥补的缺憾，比如，一个小数点、一个字词的错误都有可能会给国家和社会带来无法估量的损失。只有平时注重修身养性,做到心平气和,才能自求多福。

用人不刻　交友不滥

【原文】

用人不宜刻,刻则思效者去;交友不宜滥,滥则贡谀者来。

【译文】

任用人才不要苛刻,苛刻就会使那些试图效力的人纷纷远去;结交朋友不可泛滥,泛滥就会招来那些阿谀奉承的人。

【赏析】

一个成功的领导应该要善于灵活运用领导艺术。在工作中既要懂得恩威并用,又要努力在工作之外建立一种平等友好的关系。就领导而言,对待下属不可刻薄寡恩,这样不仅不会提高下属的工作积极性,反而会引发人的逆反心理。结交朋友是一件非常慎重的事情,生活中因交友不慎而误入歧途的例子比比皆是,应该引以为戒。

立定脚跟　着得眼高

【原文】

风斜云急处,要立得脚定;花浓柳艳处,要着得眼高;路危径险处,要回得头早。

【译文】

在局势动荡的时候要站稳脚跟,坚定立场;在声色犬马的环境中要把眼光放长远,不要沉迷于此;在形势危急的时刻要及时收手,免遭祸患。

人之一生不可避免地会面临种种考验,会经历无数风雨,在这些消长沉浮面前一定要站稳脚跟,要有定力。否则,一念之差就可能使人意乱情迷,跌入险境。身处物欲名利的诱惑之中,尤其要注重品行的操练,洁身自好。

和衷少争　谦德少妒

【原文】

节义之人济以和衷,才不启忿争之路;功名之士承以谦德,方不开嫉妒之门。

【译文】

讲究节操义气的人要保持恭敬和善的态度,这样才不至于引来别人的怨恨;追求功名利禄的人要伴以谦让虚怀的心态,这样才不至于招致别人的嫉妒。

【赏析】

崇尚节义之人必是光明磊落、刚直不阿之人,但很多时候,由于他们的个性分明、棱角突出,会在不经意间得罪人。所以,这类人应当要学会收敛锋芒,保持平易近人之心,这样才能远祸全身。功成名就之士在享用成果的同时,务必要提防虚荣心的大肆膨胀,一旦被胜利冲昏了头脑,那离失败也就不远了。只有保持清醒头脑,保持谦虚谨慎的态度,才能有所扬弃,再铸辉煌。

居官有节　居乡有情

【原文】

士大夫居官,不可竿牍无节,要使人难见,以杜幸端;居乡,不可崖岸太高,要使人易见,以敦旧好。

【译文】

　　士大夫做官不可以无节制地接受别人的引荐,要保持清醒的头脑,以杜绝小人的投机取巧;辞官隐乡,不要自命清高,要平易近人,以增进和旧邻亲友的感情。

【赏析】

　　《论语·乡党》曰:"孔子于乡党,恂恂如也,似不能言者。其在宗庙朝廷,便便言,惟谨尔。朝,与下大夫言,侃侃如也;与上大夫言,訚訚如也。君在,踧踖如也,与与如也。"孔子认为,一个人无论是在朝为官,还是退居乡里,都要把握其言行,使之符合自己斯时斯地的身份。一个居官之人,当他权力在握的时候,求他办事的人总是络绎不绝,如果他一概应承的话,就免不了要滥用职权、亵渎官位。所以,居官者心中应该要有一把准尺,权衡轻重,切勿轻易被小人利用。既然居官,也就会有告老还乡的一天。这个时候,为官者要及时调整心态,慎勿做出一副居官自傲的样子以绝民情,这样只会令人厌恶,落得离群索居的境地。

事上谨警　待下宽仁

【原文】

　　　大人不可不畏,畏大人则无放逸之心;小民亦不可

不畏,畏小民则无豪横之名。

【译文】

　　对于德才超群的君子要存有一份敬畏之心,只有这样才能杜绝恣肆纵欲之念;对于普通的平民百姓也不能不存一份敬畏之心,只有这样才不会背上强横野蛮的恶名。

孔子曰:"君子有三畏:畏天命,畏大人,畏圣人之言。小人不知天命而不畏也,狎大人,侮圣人之言。"正人君子身上回荡着一股浩然正气,令人觉得凛然不可侵犯,甚至让人自惭形秽,这种感觉就是敬畏之情。比照正人君子,我们可以看出自己与他们之间存在的一段差距,因而促使我们对自己有所检束,有所鞭策。"水能载舟,亦能覆舟。"这句话说明了群众力量的巨大。古往今来,人民大众都是社会进步的推动者,是物质财富和精神财富的创造者,所有的丰功伟绩都离不开广泛扎实的群众基础,任何人都不可小觑老百姓的力量。

逆境比下　怠荒思奋

【原文】

事稍拂逆,便思不如我的人,则怨尤自消;心稍怠荒,便思胜似我的人,则精神自奋。

【译文】

遇到不顺心的事情时,只要想想那些处境不如我的人,心里的怨怒就会自然消失;心思有所懈怠时,只要想想那些比自己强的人,就会觉得精神百倍,激起自己奋起直追的欲望。

【赏析】

有比较才会有鉴别。任何一个人都不是孤立的,而是社会这张大网上的一个不可或缺的小结。在我们的生活中总会存在这样那样的比较,有时候是"人比人,气死人",有时候是"比上不足,比下有余"。这都要视人的心态而定,选择前者的人无疑是钻入了牛角尖,不如换个方向看周围,就会发现自己的处境并没有如此悲惨不堪;选择后者的人,则能够坦然面对生活,淡然自若,既不会为任何幸事而大喜过望,也不会被任何挫折打击得一蹶不振。

轻诺惹祸　倦怠无成

【原文】

不可乘喜而轻诺,不可因醉而生嗔,不可乘快而多事,不可因倦而鲜终。

【译文】

不要因为一时的高兴而信口许下诺言,不要因为喝醉了酒而借机胡作非为,不要乘着一时快意而招惹是非,不要因为心思懈怠而轻易放弃。

【赏析】

人们在心思懈怠的情况下最容易犯下过失,留下遗憾。或是在一时快意之下许下诺言,却无法兑现;或是借酒壮胆,大放厥词,事后则追悔莫及;或是在兴头之上惹是生非,最终自食其果;或是稍有疲惫,即放任慵懒,半途而废。以上种种,我们都要引以为戒,并且要在平时的修为中多加磨炼。

心领神会　全神贯注

【原文】

善读书者,要读到手舞足蹈处,方不落筌蹄;善观物者,要观到心融神洽时,方不泥迹象。

【译文】

真正会读书的人,能达到心领神会、得意忘形的境界,只有这样才不会陷入为读书而读书的误区;善于体察事物的人,要达到心神与事物融为一体的境界,才不会被事物的表面现象所迷惑。

有时候，我们会发现一个奇怪的现象:同样是两个正在读书的人，一个埋头苦读、废寝忘食，另一个却学得轻松自在、游刃有余。然而他们付出的心血并没有与他们的收获成正比，前者费尽苦功反而不及后者取得的成效之明显。这是什么原因呢? 问题就出在他们的学习方法上。如果读书只知道死记硬背，不求甚解，终究不能举一反三，由此及彼，无法探其精义奥妙，永远只能滞留在书本的表面。读书要懂得融会贯通，对待任何事物都应该讲究心领神会，不仅观其表象，还要善于深入其内质，才能更好地求同存异，把握真谛。

勿以长欺短　勿以富凌贫

【原文】

天贤一人，以诲众人之愚，而世反逞所长，以形人之短;天富一人，以济众人之困，而世反挟所有，以凌人之贫。真天之戮民哉!

【译文】

上天赋予一个人德行才干，是为了让他教诲愚昧的大众，而世人却往往喜欢卖弄自己的德才，以此衬出别人的短处;上天赋予一个人金钱财富，是为了让他解救贫苦大众，而世人却往往倚仗自己的财富去欺凌穷困之人。这两种人连上天也会为他们感到耻辱。

【赏析】

《孟子·梁惠王下》中，孟子曾经问齐王:"独乐乐，与人乐乐，孰乐?"曰:"不若与人。"曰:"与少乐乐，与众乐乐，孰乐?"曰:"不若与众。"任何好的东西，只有和大家共同分享，才会实现其真正的价值和意义。有才能的人应当在社会中大展拳脚，为人民百姓谋福利，如果不能如此，反而倚恃其才四处夸耀己能，轻视他人，这种有才无德之人简直就是浪得虚名、寡廉鲜耻。那些为富不仁的人除了一身铜臭味之外,别无他物,最终只会在别人的怒骂声中草草收场。社会的每一点进步,生活的每一刻安宁,都需要所有贤愚贫富之人共同努力,各献爱心。

中才之人　高低难成

【原文】

至人何思何虑,愚人不识不知,可与论学,亦可与建功。唯中才的人,多一番思虑知识,便多一番臆度猜疑,事事难与下手。

【译文】

至圣之人心胸开阔,从不患得患失;愚钝之人没有见识,缺少智慧,人们乐意与这两种人探讨学问,与他们一起建功立业。只有资质平平的人遇事总要瞻前顾后,多虑多疑,因而人们很难与这种人合作共事。

【赏析】

与智者接触可以打开他们智慧的心门,让我们从中受益,变得更加理智和成熟。所谓"智者千虑,必有一失;愚者千虑,必有一得",和愚人的接触并非意味着落后,我们可以学习他们抱朴守拙的精神,保持心地的纯洁。而介于这两者之中的人,上不及智者聪慧,下不及愚人质朴,他们的悲哀之处就在于他们有一些不甚高远的见识,有一点糊弄人的小聪明,有一段自以为不为人知的小心思,所有这些使得他们的缺点暴露无遗,在工作中我们要尽量避免与这种人共事,否则只会招来烦恼。

守口应密　防意应严

　　　口乃心之门,守口不密,泄尽真机;意乃心之足,防
意不严,走尽邪蹊。

【译文】

　　嘴巴是内心的大门,如果管不住自己的嘴巴,就会泄露机密;意念是
内心的双足,如果意念防守得不够严密,就会走上邪路。

【赏析】

　　世上有的人守口如瓶,有的人口无遮拦,他们的结局是截然不同的。
前者因为能够保守秘密、不挑拨是非而得以保全自身,远离祸害;后者却因
为说长道短、大放厥词而被人怀恨在心,不日之祸近在眼前。口要缄得紧,
心意要定得住。意志稍有动摇,就会有无数毒素乘虚而入,侵蚀机体,只有
保持品性高洁,才不至于卷入世俗污流之中。

责人宜宽　责己宜严

【原文】

　　　责人者,原无过于有过之中,则情平;责己者,求有
过于无过之内,则德进。

【译文】

　　对待别人要懂得宽容,要善于原谅他们犯下的过失,这样才能使自
己的心态趋于平和;对待自己要从严要求,即使是在没有任何过错的情
况下也要日省吾身,这样才会使自己的德行日有所增。

对于自己犯下的过失和别人犯下的过失不能同等对待,要加以区别。当别人犯下错误之时,如果只是一味苛责,不仅不利于别人接受劝谏,反而会因此而增加其心理负担,甚至阻碍其改过自新。而当自己有过失的时候,要及时反省,只要稍加纵容,就会步步滑入堕落之渊。只有对自己检束严格,才能逐渐地减少过失,日增其德。

幼时定基　少时勤学

【原文】

子弟者,大人之胚胎;秀才者,士夫之胚胎。此时若火力不到,陶铸不纯,他日涉世立朝,终难成个令器。

【译文】

孩童时期的习性对其成人后为人处世有很大影响。从秀才身上可以看到其以后入朝为官的大致雏形。在这个关键阶段如果不注意磨炼心性,陶冶情操,那么他无论是在以后的为人处世中,还是在经世济国方面都难以成大器。

【赏析】

俗话说:"玉不琢,不成器;人不学,不知义。"吃苦耐劳、勤奋努力的精神不是天生的,也不是一蹴而就的,需要后天的培养,而这种培养需要从孩童时期就开始。毕竟,这个时期是孩子心智开始萌芽的阶段,如果把握住了这个关键时刻,就易于把握以后的大方向。所以,望子成龙、望女成凤的父母千万不要溺爱子女,这种不负责任的爱只会导致子女走向沉沦。

君子忧乐　亦怜茕独

【原文】

　　君子处患难而不忧,当宴游而惕虑,遇权豪而不惧,对茕独而惊心。

【译文】

　　有修养的君子处于艰难困苦的环境中从不忧虑悲戚,而每当宴饮游乐的时候却能保持高度的警惕性和自律性。君子面对权势豪门之家从不畏惧退缩,而每次遇到孤独无依的人的时候却对他们寄予了无限的同情。

【赏析】

　　每个人都会有忧心之事,有的人担心守不住功名利禄,有的人担心温饱无求,但是那些品德高尚的人却只担心被声色犬马所腐蚀。他们不畏惧各种艰难困苦,只忧心自己的品性有所玷污;他们安贫乐道,肩负着匡扶正义的重任,在与各种邪恶势力做斗争的过程中他们不曾有丝毫的恐惧、退缩心理。虽说"士不可以不弘毅",但是在他们刚毅坚强的内心之处还隐藏着最温柔的情感,那种悲天悯人的情怀,那种博爱的胸襟。我们的社会就需要这种有所忧虑而又无所畏惧之人,他们才是整个民族的灵魂。

浓夭淡久　大器晚成

【原文】

　　桃李虽艳,何如松苍柏翠之坚贞? 梨杏虽甘,何如橙黄橘绿之馨冽？信乎，浓夭不及淡久，早秀不如晚成也。

【译文】

桃李之花虽然艳丽夺目，却如何比得上松柏的常青不老、坚贞不屈呢？梨子杏子虽然味道甜美，却如何比得上黄橙绿橘散发出的清幽芳香呢？确实是这样，浓烈的气味容易消散，而淡雅的清香却能经久不衰。因此，少年得志、锋芒毕露，不如大器晚成、厚积薄发。

【赏析】

曾经看过一则父亲教育女儿的故事：小女孩只有三岁，可她每日的学习安排却非常紧凑，背诵化学元素周期表、千字文、英语单词……在幼儿园老师和小朋友的眼中，她表现出了不该有的早熟与忧郁，这一切归咎于谁？也许应该从她父亲那儿寻找原因。可怜天下父母心！这种拔苗助长的方式虽有早慧之功，却因其违背了客观规律而终究不可取，殊不知，大器晚成也是人生的一大乐境。

静中真境　淡现本然

【原文】

风恬浪静中，见人生之真境；味淡声希处，识心体之本然。

【译文】

只有在风平浪静、朴实无华的生活中才能体味到人生的真正意义；只有做到淡泊名利、清心寡欲，才能真正体悟到人的自然本心。

【赏析】

人的内心如果充斥了各种欲望，就容易受其支配和驱使，常为了各种名利疲于奔命,煞费苦心,以为这就是人生之追求。一旦有一天他已经拥有了这一切,他就会发现原来自己并不快乐,为了守住这些名利而终日郁郁寡欢,心有不安。此时再一深思,就有如醍醐灌顶,原来平平淡淡、心安理得地过日子才是真正的生活。

下卷

乐者不言　言者不乐

【原文】

　　谈山林之乐者,未必真得山林之趣;厌名利之谈者,未必尽忘名利之情。

【译文】

　　喜欢谈论山林田园生活的人,未必能真正体味到隐居其间的乐趣;讨厌谈论功名利禄的人,未必完全打消了追名逐利的念头。

【赏析】

　　俗话说:"动口容易动手难。"在我们的周围有很多人都是"言语的巨人,行动的矮子"。我们要敏于判断这些心口不一的人,虽然他们嘴上说得头头是道,但实际操作起来却茫然无措。还有一些人声称清心寡欲,但私下里却对名利如蝇逐臭,不惜互相倾轧、尔虞我诈,丑态毕现。

省事为适　无能全真

【原文】

　　钓水,逸事也,尚持生杀之柄;弈棋,清戏也,且动战争之心。可见喜事不如省事之为适,多能不若无能之全真。

【译文】

　　溪边垂钓,本是愉悦身心的事,但垂钓者手中却持有掌握鱼儿生死大权的钓竿;下棋本是消遣休闲的活动,但对弈双方心里却存着争强好胜之心。由此可见,喜欢做事不如少做事省心,能干有才不如碌碌无为更能保全本心。

【赏析】

人类的好斗争胜之心虽然在一定程度上可以激励自己努力进取,但在另一方面,其消极作用也是显而易见的。好胜之心过强常常使得平地起惊雷,生出无数祸端。常言道:"多一事不如少一事。"事情越多,头绪越复杂,烦恼也随之增加。烦恼增一分,快乐悠闲则要相应减一分,由此只会陷入愁闷的苦海中。

艳为虚幻　枯为胜境

【原文】

莺花茂而山浓谷艳,总是乾坤之幻境;水木落而石瘦崖枯,才见天地之真吾。

【译文】

春天时节百鸟啼鸣,繁花似锦,高山峡谷被装点得姹紫嫣红、浓艳至极,但这终究不过是大自然所蒙上的一层虚幻的外衣;秋凉时分,溪流干涸,树木凋零,山岩崖壁显得异常萧索枯寂,只有这时,大自然才露出其原始面貌。

【赏析】

春天到来之际,处处莺啼婉转,花团锦簇,烟柳含情,水波含笑,这一派生机景象即如金子般繁华的人生,轰轰烈烈,惹人注目。然而,富贵名利终归不会长久存在,总会如烟如梦般飘逝无影。即便如此,也无须忧伤哀叹,因为这之后的粗茶淡饭的日子原本就是生活的真面貌。冷却了功名利禄之心的我们会在不觉中逐渐觅得真心,找到自己幸福的生活。

天地之闲　因人而异

【原文】

岁月本长,而忙者自促;天地本宽,而鄙者自隘;风花雪月本闲,而劳攘者自冗。

【译文】

岁月悠悠,绵绵无绝,但整天疲于奔命的人却觉得时间短促;天地之大,广袤无垠,但心胸狭隘之人却迁怒于空间的狭小;风花雪月本可以用来怡情养性,消遣时光,但困于生活劳顿的人却觉得是多余的。

【赏析】

人们常说:"一千个读者就有一千个哈姆雷特。"这是因为每个人会根据自己不同的思维、学识和经历等来诠释哈姆雷特。不仅读书如此,世间社会、众生万象,无不如此。有的人悠闲自得,有的人心浮气躁;有的人觉得宇宙渺渺,有的人却觉得天地狭隘。为何会有这天渊之别呢?任何客观存在的事物都不会因人而异,只是人心彼此不同。

盆池竹屋　意境高远

【原文】

得趣不在多,盆池拳石间,烟霞俱足;会景不在远,蓬窗竹屋下,风月自赊。

【译文】

真正的乐趣所得并不在于东西的多寡,即使只有一泓清泉、几片幽石,也足以让人领略到大自然的风光无限;欣赏风景并不在于地方的远近,即使只是站在简陋的草窗茅屋下,也能感受到那份风清月朗的恬淡悠闲。

　　人们常常感叹生活中缺少美的存在,事实上,美好的事物触目皆是,我们缺少的只是一双善于发现美的眼睛和一颗可以容纳美的心灵。只要我们抱着一种平和的心态,处处留心观察,就会发现美无时无刻不围绕在我们身边:初春的绿芽,盛夏的果实,深秋的诗意,严冬的素净;一个善意的微笑,一声亲切的问候,一张浓情的卡片……

静夜梦醒　月现本性

【原文】

　　　听静夜之钟声,唤醒梦中之梦;观澄潭之月影,窥
见身外之身。

【译文】

　　聆听夜深人静之时传来的悠扬钟声,可以把人们从虚幻的人生梦境中唤醒;细观倒映在清澈水潭中的月影,可以窥见人们去除物累之后的真实本性。

【赏析】

　　人之心性自明并不是没有条件的,而是要受到特定环境的影响:越是喧闹嘈杂的街头闹市就越容易扰乱人心,使人被各种欲望所役使。尤其是在现代社会中,物质文明日益发达,生活节奏日趋紧张,人的压力空前加大,为了不在这种气氛中迷失自我,我们就需要适当地放松,纵情在大自然的怀抱中做一回无忧无虑的自我。

天地万物　皆是实相

【原文】

鸟语虫声,总是传心之诀;花英草色,无非见道之文。学者要天机清彻,胸次玲珑,触物皆有会心处。

【译文】

无论是鸟鸣婉转,还是虫叫声声,这都是动物们传情达意的一种方式;无论是落英缤纷,还是草色青青,这都体现出大自然的天道本体。研究学问的人必须使心灵纯澈透明,必须使胸怀光明坦荡,这样才会对触及之物达到心领神会的境界。

【赏析】

"世事洞明皆学问,人情练达即文章。"那些知识渊博之人并非只是一味死啃书本,与世隔绝,而是在学习书本知识的同时,处处留心周围事物,做到将启发和领悟融汇于心。虽说"熟读唐诗三百首,不会作诗也会吟",但即使读遍天下所有书籍,如果不能领会其奥妙精髓,那也只是"掉书袋"而已。

知无形物　悟无尽趣

【原文】

人解读有字书,不解读无字书;知弹有弦琴,不知弹无弦琴。以迹用,不以神用,何以得琴书之趣?

【译文】

人们只知道去研读有形的文字书本,却不能领悟人生这本意蕴丰厚的大书;人们只知道弹奏有弦的琴,却不知道如何在人生这张无弦琴上演奏出优美的音符。知道用有形的东西,而不能领悟其神韵,这样怎么能懂得弹琴和读书的真正乐趣呢?

【赏析】

对于有形易见的东西人们往往能够把握,但是人们却经常忽略了有形之外的延伸,那就是令人回味无穷的物外之味,即神韵。无论是属诗作文,还是书法绘画,都讲究形神兼备,而"神"更居核心之要。不仅如此,生活也需要形神兼备,在我们解决了基本的生存之需后,应该向更高一级的精神层面发展。

淡欲有书　神仙之境

【原文】

心无物欲,即是秋空霁海;座有琴书,便成石室丹丘。

【译文】

心中如果没有对物欲名利的贪求,就会像秋天的长空一样宽广无际,像明朗的海面一样纯净无瑕。闲暇静坐时,有琴声和书本做伴,日子就会像神仙般逍遥自在。

【赏析】

孟子说:"养心莫善于寡欲。其为人也寡欲,虽有不存焉者寡矣;其为人也多欲,虽有存焉者寡矣。"可见,欲望最能迷惑人的心性。一个人如果没有被物质利益所诱惑所羁绊,就可以自由自在地享受人生的乐趣,或与闲云野鹤为伴,或有琴棋书画陶冶性情,这种恬淡自然的生活可以使人的真心本性得以任意畅游,无异于神仙般逍遥。

盛宴散后　兴味索然

【原文】

宾朋云集,剧饮淋漓,乐矣。俄而漏尽烛残,香销茗冷,不觉反成呕咽,令人索然无味。天下事,率类此,人奈何不早回头也?

【译文】

盛宴之时,高朋满座,宾客如云,畅饮着美酒,觉得快乐无比。然而快乐的时光转瞬即逝,只剩下烛影憧憧、残羹冷炙,回想刚才的狂欢痛饮,一阵反胃恶心袭上心头,顿觉诸如此类的宴饮聚会索然无味。世间之事无不如此,乐极生悲、兴尽味淡,但人们为何还不及早回头呢?

【赏析】

俗语说:“物盛则必衰,有隆还有替。”新陈代谢、荣辱兴衰是自然之理,所谓“命里有时终须有,命里无时莫强求”。既然如此,人在得意之时宜安然,在失意之时要泰然。

得个中趣　破眼前机

【原文】

会得个中趣,五湖之烟月尽入寸里;破得眼前机,千古之英雄尽归掌握。

【译文】

对于任何事物只要能体悟其中的乐趣,就好比把五湖四海的烟霞美景收入眼中,融于心中;对于眼前的任何一个机遇如果能及时把握的话,就能像古往今来的英雄豪杰一样任意驰骋才情,建功立业。

【赏析】

对于任何事物都要讲究心领神会、体悟真趣,这样才能回味无穷。常言道:"登山则情满于山,观海则意溢于海。"只有达到这种心物交融的境界,才能轻而易举地把所有烟霞景象囊入眼中。不仅如此,对人对事也要能够把握精髓,熔千古之经验于一炉,为我所用。

非上上智　无了了心

【原文】

山河大地已属微尘,而况尘中之尘;血肉身躯且归泡影,而况影外之影。非上上智,无了了心。

【译文】

看似广袤的山河大地只不过是茫茫宇宙中的一颗微尘而已,何况存在于凡世红尘中的一切生物,那就更显得渺小了;人的血肉之躯终究会消失无迹,化作泡影,何况身躯之外的功名利禄,那更是虚幻无影了。如果没有超凡绝俗的大智慧,就不会有体悟万物的聪慧心思。

【赏析】

人之一生如白驹过隙,如何在有限的时光中获得最大的生命价值是人们经常思考的一个问题。于是,有人把毕生的精力投入追名逐利之中,以为盛极一时的盛象景况就是日月可鉴的生命明证。殊不知,"长城万里今犹在,不见当年秦始皇"。任何个体的生命只是渺渺天地中的一个过客,只有看破这一点,才能轻轻松松、无怨无悔地度此生。

人生苦短　宇宙无限

【原文】

石火光中争长竞短,几何光阴?蜗牛角上较雌论雄,许大世界?

【译文】

在电光石火般短暂的人生中追名逐利,互较高低,到底赢得了多少光阴?在蜗牛角上这般狭窄的方寸间决斗争胜,一论雌雄,究竟能得到多大的世界?

【赏析】

"良田万顷,日食三餐;大厦千间,夜眠八尺。"人之生存所需即此简单。然而世人却往往喜做无用之功,为了身外之名利尔虞我诈,在倏忽而过的岁月中除了劳心劳力之外,一无所获,真是不值啊!

极端空寂　过犹不及

【原文】

寒灯无焰,敝裘无温,总是播弄光景;身如槁木,心似死灰,不免堕落顽空。

【译文】

微弱的孤灯已失去了明亮的火焰,破烂的衣服已失去了保暖的功能,而人生到了这种境地也只能是虚度光阴,毫无意义可言了;身体像干枯的树枝,内心如燃尽的灰烬,处于这种境地的人终究免不了堕入冥顽的深渊。

【赏析】

心静如水和心如死灰是人们容易混淆的一组概念,实际上,这代表了两种迥然不同的生活理念。心静如水是一种认真负责的人生态度,而心如死灰是一种消极懒散的人生态度,是失去了精神支柱的灵魂,是在得过且过地混日子。这种人虽然活着却空有一副躯壳,其生命之火早已消失无踪了。

休无休时　了无了时

【原文】

人肯当下休,便当下了。若要寻个歇处,则婚嫁虽完,事亦不少;僧道虽好,心亦不了。前人云:"如今休去便休去,若觅了时无了时。"见之卓矣。

【译文】

人如果想善罢甘休,就应当速战速决,不要犹豫。假若想寻找一个歇息的地方,那就像结婚一样,虽然嫁娶仪式已经结束了,但随后的事情却还有很多;就像虽然做了僧人道士,但心中的尘缘却没有完全了却。古人说:"现在想罢休就罢休吧,如果要寻觅一个终结的机会,可能就永远也没法结束了。"这句话可谓见解卓越。

【赏析】

"溪壑易填,人心难满。"在欲望之路上,人的追求是永远没有止境的。如果不及时收手,就此打住,只会带来无尽的烦恼。世间百事莫不如此。俗话说:"当断不断,反受其乱。"事事瞻前顾后、犹疑不决,就会丧失良机,遗患无穷。

从冷视热　从冗入闲

【原文】

从冷视热,然后知热处之奔驰无益;从冗入闲,然后觉闲中之滋味最长。

【译文】

淡出名利场之后,才发觉终日忙于追名逐利实在是没有什么益处;

摆脱了紧张忙碌的生活之后,才会发现这种闲适的日子中蕴含着无限的乐趣。

【赏析】

常言道:"当局者迷,旁观者清。"身处其中的当事人虽然容易被迷惑心智,但如果时过境迁之后能够以旁观者的眼光再去重新审视自身,这种收获也是前所未有的。任何事情只有经历之后,才会知道是否值得,是否有意义。所以,奉劝那些被各种俗事缠身的人,不妨抽个空来冷静沉思一下,应该会有所感触。

轻视富贵　不溺酒中

【原文】

有浮云富贵之风,而不必岩栖穴处;无膏肓泉石之癖,而常自醉酒耽诗。

【译文】

如果达到了视富贵如浮云的境界,就无须去山洞岩穴中修炼心性了;如果没有寄情山水的嗜好,就需要凭借饮酒吟诗来获得人生的乐趣。

【赏析】

"山不在高,有仙则名;水不在深,有龙则灵。"任何实在的内容都不是浮夸伪饰的外在形式可以替代的,即使能够博取世人一时的信任,也终究会有真相大白于天下的时候,反为世人所不齿。所以,那些真正视富贵如浮云的人即使处在雕梁画栋之中,他们的清心寡欲之念也不会有所动摇;而那些附庸风雅之人也绝不可能领悟到幽居山泉林石间的自然真趣。

不嫌人醉　不夸己醒

【原文】

竞逐听人而不嫌尽醉,恬淡适己而不夸独醒。此
释氏所谓"不为法缠,不为空缠,身心两自在"者。

【译文】

不要因为别人醉心于争名夺利就心生厌恶,不要因为自己的淡泊无
求而夸耀于人。这就是佛家所说的"不为礼法规则所约束,不为虚幻空
寂所迷惑,这样就可以获得身体和心灵的洒脱自如"的人。

【赏析】

屈原曾幽然喟叹:"举世皆浊我独清,众人皆醉我独醒。"清则清矣,
醒则醒矣,在这个物欲横流的社会,人心异化日趋严重,既然无法改变世
界、改变他人,但求能够无愧我心。如果因为要标榜自己的清高而去指
责他人,那就和沽名钓誉的人没有什么区别了,这样的人生还会逍遥自
在吗?

心闲日长　意广天宽

【原文】

延促由于一念,宽窄系之寸心。故机闲者,一日遥
于千古;意广者,斗室宽若两间。

【译文】

漫长与短暂都是人的意念所致,宽广与狭窄源自人的主观感受。因
此,闲适寡欲的人即使过一天也仿佛比千年还长;心胸宽广的人即使居
于斗室之间也仿佛置身于广阔的天地之间。

"如烟往事俱忘却,心底无私天地宽。"只要人内心纯净、胸怀豁达,那么他看待世间万物就会抱以一种宽容的眼光、平和的心态,因而能保持身心的愉悦。只有做到"不以物喜,不以己悲",才会真正体味到心意驰骋、自由自在的感觉。

栽花种竹　去欲忘忧

【原文】

　　损之又损,栽花种竹,尽交还乌有先生;忘无可忘,
　　焚香煮茗,总不问白衣童子。

【译文】

把对物质名利的欲望减小到最低限度,在栽种花草幽竹之中培养自己的生活情趣,因而把所有的烦恼都抛到九霄云外。把各种忧愁烦恼统统忘掉,焚几炷清香,煮一壶好茶,方可进入物我两忘的美妙境界。

【赏析】

"采菊东篱下,悠然见南山。"如果人生能够达到这种心物交融、物我两忘的境界,那么就能抛却世间的烦恼,摆脱名利的束缚。这种人生的真谛并非朝夕可成之事,而是蕴藏在平凡的生活点滴中,譬如栽花种草、焚香品茗。只要我们在这些小事当中有所感悟,日积月累,那些世俗之争的念头就会日趋淡化,使人逐渐进入圣境。

知足则仙　善用则生

【原文】

　　都来眼前事,知足者仙境,不知足者凡境;总出世

上因,善用者生机,不善用者杀机。

【译文】

面对眼前的一切,懂得满足的人就会达到神仙般快乐的境界,而不知满足的人总摆脱不了世俗名利的束缚;总结世上的一切根源,善于把握机会的人就会活得潇洒滋润,而不善于利用机会的人只会陷入重重危机之中。

【赏析】

在印度的热带丛林里,人们用一种奇特的狩猎方法捕捉猴子:在地上安装一个小木盒子,把猴子爱吃的坚果装在里面。木盒子上开有一个小口,刚好够猴子把前爪伸进去,但在抓住坚果后,猴子的爪子就抽不出来了。人们之所以能够用这种方法捉到猴子,是因为猴子有一种习性:不肯放下已经到手的东西。我们不禁要笑猴子的愚蠢:为什么不松开爪子放下坚果逃命呢? 但笑完猴子后,我们如果再审视一下自己,是否还笑得出来呢? 老子曰:"知足不辱,知止不殆,可以长久。"人要懂得知足,才不会招致祸患,才会享受到人生的乐趣。那些心无所止的人内心的欲望犹如无底洞般永远没有尽头,因而他们永远都不会有发自内心的满足感和喜悦感。人生绝不是无限地占有就能有所成就的,关键就在是否善于把握机遇,利用机缘。能如此,生活就会变得多姿多彩,充满生机。

附势遭祸　守逸味长

【原文】

趋炎附势之祸,甚惨亦甚速;栖恬守逸之味,最淡亦最长。

【译文】

趋炎附势的人所招致的祸患,是最惨痛也是最快速的;清心寡欲的人所享受到的趣味,是最恬淡也是最长久的。

【赏析】

趋炎附势、逢迎拍马之人也许能得到一时的小恩小惠,但也为此而埋下了祸患的种子。因为他的所作所为是千夫所指、万人痛恨之行为,待到世易时移,他必定会为自己的卑劣行为付出惨痛代价,轻则遭人唾弃、一无所有,重则身陷囹圄、丧失生命。唯有淡泊名利之人才能在是非纷繁之中无所动容,保全自身,过着与世无争的悠闲生活。

松涧望闲云　竹夜见风月

【原文】

松涧边,携杖独行,立处云生破衲;竹窗下,枕书高卧,觉时月侵寒毡。

【译文】

手拄着拐杖独自漫步在松柏苍苍的清流小溪边,偶尔驻足观看时便发现云雾缭绕,笼罩着自己破烂的衣裳;头枕着书本无忧无虑地躺在青青翠竹制成的窗户下边,一觉醒来发现如水的月色正照在自己的薄被上,带来丝丝寒意。

【赏析】

"一年三百六十日,风刀霜剑严相逼。"现实生活的残酷确实令人倍感心力交瘁,因此,遁世避俗、归隐山林,成为许多人的选择。他们渴望在这种与世无争的自然环境中忘却尘世的烦恼,求得内心的片刻安宁。诚然,这种愿望很难得到实现,但人们应该尽量做到在闲暇之余寄情山水,放松心情,这样才有利于下一阶段的工作开展,有益于精彩生活的呈现。

欲时思病　利来思死

【原文】

　　色欲火炽,而一念及病时,便兴似寒灰;名利饴甘,而一想到死地,便味如嚼蜡。故人常忧死虑病,亦可消幻业而长道心。

【译文】

　　好色的欲望虽然像烈火般强烈,但是只要一想到生病的痛苦,就觉得兴味索然;功名利禄虽然像蜜糖一样甘甜,但是只要一想到死亡的可怕,就觉得寡然无味。所以,世人应当时时忧虑自己的生老病死,这样才有助于打消自己追逐虚幻功业的心思,增长修身养性的道业之心。

【赏析】

　　人在生病之时,唯一所求的就是身体健康;人在弥留之际,最大的希望就是还有生存的可能。由此可见,那些七情六欲、功名利禄,都不是人生的根本需求,只是人们受其诱惑,误陷其中。为人处世不可以不计后果,只有时刻反思自己的言行,顾虑到由此产生的各种可能,才能谨慎其德,不致有所缺失。

退步宽平　清淡悠长

【原文】

　　争先的径路窄,退后一步,自宽平一步;浓艳的滋味短,清淡一分,自悠长一分。

【译文】

　　争强好胜之人的人生道路自然会越走越窄,如果后退一步,就会发现前面有一片广阔的天地;深浓发腻的滋味容易令人反感,而越是清淡的东西越是余味无穷。

【赏析】

《岳阳楼记》云:"先天下之忧而忧,后天下之乐而乐。"为国为民应敢为天下人先,于己于私要懂得谦虚退让,正所谓"一封书信只为墙,让它三尺又何妨"。只要保存实力,平心静气,总归是"留得五湖明月在,不愁无处下金钩"。人的一生或者轰轰烈烈,或者默默无闻。人们常误以为只有轰轰烈烈的人生才不算枉活一世,对平淡无奇的人生不以为然。事实上,过于追求浓烈的人生就容易惹出事端,误入非境,反令人后悔不已;而一步一个脚印、朴实无华的日子却可令人长享安康,余味无穷。

忙不乱性　死不动心

【原文】

忙处不乱性,须闲处心神养得清;死时不动心,须生时事物看得破。

【译文】

要想在忙碌的时候不慌神紧张,就要在闲散的时候修身养性,勤于思考;要想在临死前无所牵挂、坦然面对,就要在活着的时候看破世情,体悟人生。

【赏析】

有一则寓言说:夏天,别的动物都悠闲地生活,只有蚂蚁在田里跑来跑去,搜集小麦和大麦,给自己贮存冬季吃的食物。屎壳郎惊奇地问它为何这般勤劳。蚂蚁当时什么也没说。冬天来了,大雨冲掉了牛粪,饥饿的屎壳郎走到蚂蚁那里乞食,蚂蚁对它说:"喂,伙计,如果当时在我劳动时,你不是批评我,而是也去做工,现在就不会忍饥挨饿了。"从故事中我们不难得出其寓意,无论多么清闲无事,都不要忘记未雨绸缪总能使人避免灾难。正如古人所常说:"无事常如有事时提防,才可以弥意外之变;有事常如无事时镇定,方可以消局中之危。"陶渊明诗云:"有生必有死,早终非命促。"既然生老病死是人之必然,无法逆转,就应当要放开心怀,以积极乐观的心态来笑对人生,即使是朝生夕死也无怨无悔了。

隐无荣辱　道无炎凉

【原文】

隐逸林中无荣辱,道义路上无炎凉。

【译文】

对于隐居山林的人而言,没有了荣耀与耻辱的束缚;对于追求道德仁义的人而言,根本无心顾及世间的人情反复。

【赏析】

世间之兴衰荣辱、人情冷暖,常令人身心疲惫、殚精竭虑,无暇细细品味人生之美好。如果能够腾出一段时间,把自己交给山林泉石,就会发现这是一片没有杀戮之声的净土,是怡情养性的绝佳之处。在讲求仁义道德的人眼中,世态之炎凉完全可以忽略不计,因为他们的追求是高尚的,他们不像世人那样斤斤计较于炎凉冷暖。由此可知,只有树立远大的人生理想,确立正确的人生观、价值观,才能沿着健康的道路向前发展。

心静自然凉　乐观无穷愁

【原文】

热不必除,而除此热恼,身常在清凉台上;穷不可遣,而遣此穷愁,心常居安乐窝中。

【译文】

炎夏酷暑不必刻意消除,只要消除炎夏酷暑所带来的烦躁不安的情绪就自然会觉得神清气爽;贫穷困苦不要刻意驱除,只要能驱散由贫穷而引发的愁苦就会觉得像身在安乐窝中那般快活自在。

【赏析】

六祖慧能曰:"菩提本无树,明镜亦非台。本来无一物,何处惹尘埃!"只要心放得下,无论是严冬,还是酷暑,都于我无碍。只有那些汲汲于外物的人,终日就只会怨天尤人、心浮气躁,不仅于事无补,反而贻误时机。唯有心平气和、冷静沉着,才能有效地解决问题。那些安贫乐道之人正是摆正了心态,才能自如地享受人生,感受到生活的美好。

进时思退　得手思放

【原文】

进步处便思退步,庶免触藩之祸;着手时先图放手,才脱骑虎之危。

【译文】

在事业飞黄腾达的时候要考虑到及早抽身,以免造成进退两难的境地;在着手准备某事的时候要事先想到日后如何罢手的问题,才不会陷入骑虎难下的危机之中。

【赏析】

对弈中的高手都知道,"若无后着,决然不是高棋"。由此生发开去,世间之事概莫如此。鼠目寸光、不计后果之人往往遭受的祸害最为惨痛。人无论处于何种境地,都要预先留有后路,以备不时之需。尤其是那些红极一时、炙手可热之人更要保持头脑冷静，所谓"名高妒起，宠极谤生"。不测之风云随时可能不期而至，如果事先没有采取任何措施，就只能应对无方、手足无措，陷入艰难境地。

贪者常贫　知足常富

【原文】

贪得者，分金恨不得玉，封公怨不授侯，权豪自甘乞丐；知足者，藜羹旨于膏粱，布袍暖于狐貉，编民不让王公。

【译文】

贪婪的人虽然分得了金子却还怨恨没有得到宝玉；虽然被封有爵位却还埋怨没被授为王侯。这种人即使是生在权势富贵之家，也如贫穷的乞丐般一无所有。知足的人虽然每天吃着粗劣的食物，却感觉比任何山珍海味还要甘美；虽然穿着粗布棉袍，却感觉比狐皮貂裘还要暖和。这些人虽然是普通老百姓，但他们的生活却比贵族王公还要舒心。

【赏析】

《伊索寓言》里有一则农夫杀鸡取金蛋的故事，这则寓言告诉人们，有些人由于贪婪，想得到更多的利益，却"偷鸡不成蚀把米"，最终得不偿失。贪婪是人性最大的弱点，人们往往因为无止境的贪欲而丧失人格，沦为金钱的奴隶。尤其是有些为官一方的人，手中掌握着人民赋予的权力，但他们却滥用这种权力为自己谋取私利、中饱私囊，给国家和人民带来极大的损失和祸害，虽然他们最终被绳之以法，但其留下的经验教训是深刻的，我们只能如此对其发出呼吁："硕鼠硕鼠，无食我黍！"

隐者趣多　省事心闲

【原文】

矜名不若逃名趣,练事何如省事闲。

【译文】

与其炫耀自己的显赫声名,还不如收敛锋芒、逃避声名,享受人生真趣。与其苦心练就生存处世的本领,还不如修身养性、省却许多烦恼事情,图个安闲自在。

【赏析】

刻意炫耀自己的声名往往会适得其反,令人觉得太过招摇,因而产生厌恶情绪。淡泊名利之人把荣耀当成一种负担,唯恐躲闪不及。这两种鲜明对比的行为产生的结果也是天壤之别的:好名者惹人生厌,避名者令人尊敬。同样,即使在世俗社会中练就得处处圆通精干,也终究敌不过事少心闲。殊不知,事事有功,须防一事无终;人人道好,须防一人着恼。总而言之,为人处世与其张扬,不若低调。

自得之士　逍遥自适

【原文】

嗜寂者,观白云幽石而通玄;趋荣者,见清歌妙舞而忘倦。唯自得之士,无喧寂,无荣枯,无往非自适之天。

【译文】

天性喜静的人看到天上的白云、山间的幽石,就能参悟其中的玄机;贪图荣华富贵的人听到清越的歌声,见到曼妙的舞姿,就能忘却身体的疲惫。只有那些自得之士，无视喧嚣与寂寞的侵扰，不受荣耀与衰败的束缚，无时无刻不活得逍遥自在。

【赏析】

"何以解忧,唯有杜康"已经不再是现代社会人们信奉的标准了。面对生活的压力,人们释放情绪的方法各有不同,因人而异,既有返璞归真以求心灵慰藉者,又有沉湎于歌舞以求忘忧者。无论何者,他们都是不了之心。只有那种无欲无求、自由自在之人才能恣意任情,享受悠闲之趣。

孤云出岫　朗镜悬空

【原文】

孤云出岫,去留一无所系;朗镜悬空,静躁两不相干。

【译文】

一片孤云从山岩间飘出来,荡悠悠,来去无牵挂;一轮明镜似的月亮悬在夜空,尘世间的寂静与喧嚣都与它毫不相干。

【赏析】

人之一生赤条条地来到世间,最后又两手空空地离去。在岁月的长河里,谁都是来去匆匆的过客,谁都不可能永久地拥有什么,重要的是如何让这短暂的生命历程变得更有意义、更有内涵。生命之舟载不动太多的物欲与虚荣,要想使它在抵达彼岸之前不至于中途搁浅或沉没,就必须设法为其减负。把那些应该放下的东西坚决果断地放下,这样就可以做到如孤云明月般悠闲自在、与世无争。

浓处味短　淡中趣真

悠长之趣,不得于酴醾,而得于啜菽饮水;惆怅之怀,不生于枯寂,而生于品竹调丝。故知浓处味常短,淡中趣独真也。

悠远绵长的意趣,并非品尝烈酒所得,而是在粗茶淡饭的日子中细细品味出来的;惆怅悲戚之心,不是由于失意落寞,而是在锦衣玉食的生活中滋生而来的。因此,世人应当要知晓浓腻的味道最容易消散,而平淡无华的生活中往往蕴含了无穷的真趣。

很多时候,物质方面的奢华与享受并不能令人感到心满意足,反而滋生出缕缕惆怅的情怀。事实上,物质只可以满足人的部分生存之需,人之心情涨落主要源于内心的充实与否,精神食粮非同小可。所以,即使是箪食瓢饮的简陋生活也不改颜回之乐,正是因为在这种平淡无华中感受到了生活的实在与真味。

高寓于平　难出于易

禅宗曰:"饥来吃饭倦来眠。"《诗旨》曰:"眼前景致口头语。"盖极高寓于极平,至难出于至易;有意者反远,无心者自近也。

【译文】

　　佛教禅宗有一句偈语："饥饿了就吃饭，困倦了就睡觉。"《诗旨》有一句话说："眼前所见的景色就用口头语言表达出来。"大概那些极为高远的寓意都蕴含在平淡无常的事物中，最棘手的问题往往潜藏在最简单的事物中；凡事刻意营求反而欲速不达，顺其自然则会心想事成。

【赏析】

　　牛顿万有引力的发现得益于苹果从树上落下来的瞬间；浮力定理的雏形来源于阿基米德洗澡时得到的灵感。由此可见，任何伟大的真理都寓于普通的事物之中，和我们的生活息息相关。所以，无论成就何种功业都要植根于生活的土壤中，切勿眼高手低，也许被你忽略的一个点滴细节就是成功的关键。

喧中见寂　有入于无

【原文】

　　　　水流而境无声，得处喧见寂之趣；山高而云不碍，
悟出有入无之机。

【译文】

　　尽管有水在流动，但丝毫不影响大自然的安宁与静谧，反而突现出喧闹中的寂静情趣；虽然有高山林立，却丝毫无损于浮云的自由飘荡，反而由此领悟到有我无我的玄机。

【赏析】

　　《世说新语》有一则故事讲道："管宁、华歆共园中锄菜，见地有片金，管挥锄与瓦石不异，华捉而掷去之。又尝同席读书，有乘轩冕过门者，宁读如故，歆废书出看。宁割席分坐，曰：'子非吾友也。'"从这个故

事中我们可以看到两种截然不同的品质:淡泊名利的高洁和贪恋富贵的可鄙。无论外在环境如何变化,只要能保持心静如水,就不会被其左右,就可自由享受无忧时光。

心无系恋　乐境仙都

【原文】

> 山林是胜地,一营恋便成市朝;书画是雅事,一贪痴便成商贾。盖心无染着,欲境是仙都;心有系恋,乐境成苦海矣。

【译文】

山墅林泉是令人惬意的地方,然而一旦滋生贪恋之心,那么幽静的山林也就变成世俗的街市了;品玩书画本是高雅之事,但是如果沉迷于此,就跟唯利是图的商人没有什么区别了。大概人只要能保持心灵纯洁无瑕,即使是在物欲横流的环境中也会像身处仙境般快活自在;如果内心有所痴恋,那么即使是处在快乐的环境中也会如同堕入苦海般痛苦不堪。

【赏析】

钱不是万能的,但是没有钱是万万不能的,钱财是人生存的基本条件。然而,很多人却因此为金钱所驱使,完全沦为金钱的奴隶,堕入欲望的苦海。由此生发开去,对待任何事物都要抱着一种超然物外的心态,如果怀着一种占有的心理,带着功利性目的,那么即使是阳春白雪般的高雅之事也会在瞬间变得鄙俗不堪,成为人的负累。

静躁稍分　昏明顿异

【原文】

> 时当喧杂,则平日所记忆者,皆漫然忘去;境在清

宁,则夙昔所遗忘者,又恍尔现前。可见静躁稍分,昏明顿异也。

【译文】

人处在喧嚣繁杂的环境中,就会连平日所熟知的事情也会不知不觉地淡忘;而人处在清净安宁的氛围中,眼前又会不自觉地重新浮现出被遗忘的东西。由此可见,只要能够对平心静气和心浮气躁稍加区分,就能立刻进入明智与昏庸两种截然不同的境界。

【赏析】

古语戒之曰:"先学耐烦,切莫使气,性躁心粗,一生不济。"我们都有过这种经历:在嘈杂喧闹的环境中,突然间脑子里一片空白,一团糊涂,做任何事都没有头绪,而当我们从紧张的状态中解脱出来之后,就会马上恢复昔时的精明强干了。因此,人应该要注意修身养性,逐渐去除心浮气躁的毛病,这样才可以从容不迫地应付各种突发状况,临变不乱。

卧雪眠云　绝俗超尘

【原文】

芦花被下,卧雪眠云,保全得一窝夜气;竹叶杯中,吟风弄月,躲离了万丈红尘。

【译文】

把芦花当作被子,把雪地当作床席,枕着朵朵浮云,酣然入梦,于此中保全了自然真性;端着竹叶制成的酒杯,在清风朗月之中吟诗作赋,远离了世俗红尘的喧嚣。

【赏析】

卧雪眠云,吟风弄月,是一件极富雅趣之事,从中折射出当事人的高洁情怀。也许现代社会再难以做到如此,但我们依然可从中受到启发,得到感悟。当我们被世俗事物所纠缠、苦恼不堪的时候,不妨投入到大自然的怀抱中去,享受那份安宁与淡泊。

浓不胜淡　俗不如雅

【原文】

衮冕行中,着一藜杖的山人,便增一段高风;渔樵路上,着一衮衣的朝士,转添许多俗气。固知浓不胜淡,俗不如雅也。

【译文】

在达官贵人的行进队伍中,如果出现了一个手持藜杖的山外高人,就会陡然平添一段风雅之韵;在渔人樵夫的来往路途中,如果出现了一个身着朝服的官人,就会增加一股庸俗之气。由此,我们知道浓艳比不上清淡,庸俗比不上高雅。

【赏析】

雅俗之别本属于美学的范畴,我们在此讨论的雅俗是就归隐与出仕而言的。古人一般认为在朝为官者为鄙俗之人,隐居山林者为高雅之士,事实上,这只是人们选择的生活方式不同,不能一概而论。居庙堂之高者,如能鞠躬尽瘁、舍己为公,也可视为雅;处江湖之远者,如果心系功名利禄、荣华富贵,终究也是不能免俗的。雅俗之分不在于外在的表现形式,而在于人们内心的淡泊与否。

出世涉世　了心尽心

【原文】

出世之道,即在涉世中,不必绝人以逃世;了心之功,即在尽心内,不必绝欲以灰心。

【译文】

超凡绝俗的方法其实就隐含在世俗生活中,不必刻意去避世隐居;要修炼心无杂念的功夫不必刻意灭绝人欲以求得心如死灰,其实只要竭尽所能,真心投入生活就可以了。

【赏析】

有的人以为要达到超凡脱俗的境界,就应当要灭绝人欲、避世隐居,其实这是舍本逐末的方法。一旦他们受不了这种苦行,他们就会走向其反面,步入欲望之途。所以,真正超凡入圣只在于平时的修养身心,在于日积月累的磨炼,唯有如此,才能有坚定的意志和发自内心的淡泊情怀,无论身处何方,受到何种诱惑,都能做到无动于衷。

身放闲处　心安静中

【原文】

此身常放在闲处,荣辱得失,谁能差遣我? 此心常安在静中,是非利害,谁能瞒昧我?

【译文】

只要能保持安逸闲适的状态,不患得患失,那些荣耀与耻辱又怎么能左右我心呢? 只要能拥有一颗恬淡安宁之心,那些是非恩怨、利益弊害又如何能蒙蔽我的心智呢?

【赏析】

世间之人为了贪图名利不惜“摧眉折腰事权贵”,这是他们心中的欲火在作祟。反之,如果心中别无所求,淡泊一切,就可以不为任何事所左右,就能昂首挺胸、堂堂正正做人,把所有的荣辱是非抛诸脑后,这是一种何等惬意的境界。

云中世界　静里乾坤

竹篱下,忽闻犬吠鸡鸣,恍似云中世界;芸窗中,雅听蝉吟鸦噪,方知静里乾坤。

【译文】

站立在竹篱下,忽然听见一阵鸡鸣狗叫声,仿佛置身于虚无缥缈的梦幻世界中;静坐在书斋中,倾心聆听秋蝉昏鸦的浅吟低唱,才体悟到这静谧中别有一番情趣。

【赏析】

陶渊明笔下的桃花源被无数文人墨客奉为圭臬圣地,对其充满了向往。虽然这只是文学虚构,但只要我们有心,在现实生活中也能得此趣。那些桑榆晚景、村落炊烟、鸡鸣狗吠之声,无不给我们一种返璞归真的感觉,令人烦恼皆无。反之,如果心神受到形役,那么就只会是:"高坡平顶上,尽是采樵翁;人人尽怀刀斧意,不见山花映水红。"

不忧利禄　不畏仕祸

【原文】

我不希荣,何忧乎利禄之香饵?我不竞进,何畏乎仕宦之危机?

【译文】

我不贪图荣华富贵,又何必担忧别人用功名利禄来诱惑我呢?我不希求升官晋爵,又何必害怕宦海浮沉所带来的危机呢?

宦海浮沉,令人担忧;利禄诱惑,难以抵敌。然而,如果我们没有入仕进取之心,我们的忧惧从何而来?如果我们清心寡欲,那些富贵荣华于我又有何意义?只有"不戚戚于贫贱,不汲汲于富贵",才能做到宠辱不惊,自在自得。

山泉去凡心 书画消俗气

【原文】

徜徉于山林泉石之间,而尘心渐息;夷犹于诗书图画之内,而俗气潜消。故君子虽不玩物丧志,亦常借境调心。

【译文】

悠闲地漫步在山泉林石间,就会发现心中的世俗杂念正在逐渐减少;陶醉于诗书图画的高雅情境中,身上的庸俗气息就会日渐减少。所以,有修养的君子虽然不应该沉迷于物事以致丧失斗志,但也可以偶尔借助外部环境来调节自己的心情。

【赏析】

陶冶性情、培养情操,并不是空穴来风,而是有所感悟、有所触动。所以,我们可以在山林泉石之间寻找灵感,可以在诗书文字之间探求真性,还可以在琴棋书画中感受安宁。佛家有云:"青青翠竹尽是真如,郁郁黄花无非般若。"其实,生活中许多东西都有其美好的一面,都能净化我们的心灵,只要我们善于发现,善于为我所用,就能物有所值。那些玩物丧志的人因为没有正确把握好尺度,以致过犹不及。

秋日清爽　神骨俱清

【原文】

春日气象繁华,令人心神骀荡,不若秋日云白风清,兰芳桂馥,水天一色,上下空明,使人神骨俱清也。

【译文】

春天来临时,处处都焕发着勃勃生机,一片繁花似锦,令人心旷神怡。然而,春日之胜景却不及九月清秋之景象,此时,秋高气爽,云淡风轻,兰花桂枝散发出馥郁芬芳,秋水与长空融为一体,天地上下一片空灵澄澈,令人神清气爽,骨骼轻盈。

【赏析】

"萝卜白菜,各有所爱。"正如一年之春夏秋冬各有所长,人们对此喜好不同。就拿春天而言,姹紫嫣红,繁花似锦,一派生机无限。而秋天则显得含蓄内敛,云淡风轻,空灵澄澈。春天就好比轰轰烈烈、热热闹闹的人生,秋天就恰如平平淡淡、普普通通的生活。一个追求激情、热烈,一个讲究厚重、质朴,也许后者更能令人一生平稳,长享福祉。

得诗真趣　悟禅玄机

【原文】

一字不识,而有诗意者,得诗家真趣;一偈不参,而有禅味者,悟禅教玄机。

【译文】

一个目不识丁的人却富有诗情画意,这种人才真正领悟了诗家的乐趣;一句佛家偈语都听不懂的人却具有禅宗神韵,这种人才真正地参透了佛家玄机。

口若悬河、夸夸其谈者不一定就是洞悉真知、明察秋毫之人。譬如赵括的纸上谈兵，只是华而不实，招致祸患。参透自然之玄机，人生之真理，并没有贵贱等级之分，也没有文人鄙夫之别，所谓"仙境不在远处，佛法只在心头"。只要有一颗纯洁无瑕的心，就有获得人生真趣的可能。

好用心机　杯弓蛇影

【原文】

机重的，弓影疑为蛇蝎，寝石视为伏虎，此中浑是杀气；念息的，石虎可作海鸥，蛙声可当鼓吹，触处俱见真机。

【译文】

心机深重的人，看到杯中的弓影即疑心是蛇蝎，看到隐藏在草丛中的石头就以为是蹲伏的老虎，这都是因为心中潜藏着无限杀机；心气平和之人，看到石虎却视之为温顺的海鸥，听到蛙鸣却视之为欢快的鼓声，凡是身心触及之处都能见出人的真实本性。

【赏析】

草木皆兵的故事是众人皆知的，缘何"草木"得以成"兵"呢？只不过是一阵风吹过，一阵白鹤啼鸣而已。所谓"动于中而形于外"，如果人的内心充满了杀戮之气，那他表现出来的言行举止都与之密切相关。而一个和气安详之人，意在化干戈为玉帛，大事化小，小事化无，他们绝不会挑起事端，激化矛盾，他们的所作所为都是为了感化他人，维持社会的和谐与稳定。所以说，心为人之主导，一切外相皆源自内心。

身心自如　融通自在

【原文】

身如不系之舟,一任流行坎止;心似既灰之木,何妨刀割香涂。

【译文】

身体要像不系缆绳的小船,任其恣意漂流,或行或止;内心要像燃成灰烬的枯木,不怕用刀任意宰割,也不怕涂抹任何香料。

【赏析】

"生命诚可贵,爱情价更高。若为自由故,二者皆可抛。"由此可见,自由对于一个人是多么的重要。然而身心的自由要受到政治、经济、文化等各方面的影响和约束,自由只是相对的。对于个体生命而言,为了追求自由,我们能够做到的就是摆脱物欲名利对心灵的束缚,只有甩掉这些沉重的包袱,人生才能洒脱自如。

皆鸣天机　皆畅生意

【原文】

人情听莺啼则喜,闻蛙鸣则厌,见花则思培之,遇草则欲去之,俱是以形气用事。若以性天视之,何者非自鸣其天机,非自畅其生意也?

【译文】

人之常情是听到莺啼婉转就喜形于色,听到蛙鸣之音就心生厌恶,见到鲜花朵朵就忍不住去浇灌培育,见到繁芜的杂草就想去铲除拔掉,这些都是仅凭外形而有所用事。如果从自然本性的角度出发,哪一种动物的鸣叫不是出自天性,哪一种草木不是在展现生机呢?

【赏析】

"人不可貌相,海水不可斗量。"如果仅凭一些表面现象就妄下论断,只会阻碍人的真知灼见,后果不堪设想。无论是对人还是对事,都不能仅从美丑出发,不能以此作为自己好恶爱憎的出发点,我们应当深入其本质,才会得出真相。俗话说得好:"秋虫春鸟,共畅生机,何必浪生悲喜;老树新花,同含生意,胡为妄别媸妍。"

盛衰始终　自然之理

【原文】

发落齿疏,任幻形之凋谢;鸟吟花笑,识自性之真如。

【译文】

头发脱落、牙齿疏松,是新陈代谢之理,既然如此,那就任凭身体自然衰朽吧!听到鸟儿欢快歌唱,见到花儿尽情绽放,然后领悟到人的自然本心也应该像花鸟般任其舒展。

【赏析】

生老病死,花开花落,都是客观规律,是人生之必然。如果能够意识到这一点,我们大可不必为逝去的青春年华而惋惜伤感,不必为即将衰朽的身体而哀叹。我们要做的就是不辜负人生之美好,认认真真地过好每一天,在花开鸟鸣之中体会自然真趣,如此,也不枉此生了。

无欲则寂　虚心则凉

【原文】

欲其中者,波沸寒潭,山林不见其寂;虚其中者,凉生酷暑,朝市不知其喧。

【译文】

欲望强烈的人即使处在寒冷刺骨的潭水中,也会觉得心中时时翻腾着滚滚热浪,这种人即使隐居在空寂的山林之中,内心也不会得到片刻的安宁;清心寡欲之人即使身当炎夏酷暑,也会觉得神清气爽,这种人即使处在熙熙攘攘的闹市中,也不会觉得喧嚣嘈杂。

【赏析】

真正的隐者无论是身处寂静的山林,还是寄居喧嚣的集市,都不会改变志节,他们从不因为环境的影响而有所变化。由此可知,人的精神意念是人生路上的指明灯。意志坚定的人能保持高洁品行,不同流合污;而那些意志薄弱的人却常常被物欲所左右,即使是让他们深居简出,也难以熄灭他们心头的欲望之火。

贫则无虑　贱则常安

【原文】

多藏者厚亡,故知富不如贫之无虑;高步者疾颠,
故知贵不如贱之常安。

【译文】

钱财丰厚的人一旦受损,其损失也相应比较大,由此可知富有的人比不上贫穷的人那般无忧无虑;权高位重之人一旦摔跤,就会跌得很惨,由此可见,显贵之人不如卑贱之人活得心安理得。

【赏析】

富贵权势之家虽然每天过着衣食无忧的生活,但他们的精神压力却是贫贱之人无法想象的。钱多的人,担心别人偷盗抢劫;位高的人,忧心

树大招风,遭人暗算。所谓:"黄金未为贵,安乐值钱多。"这种寝食难安的日子,永远比不上老百姓安闲自在的生活。

晓窗读易　午案谈经

【原文】

读易晓窗,丹砂研松间之露;谈经午案,宝磬宣竹下之风。

【译文】

清晨时分在窗户下诵读《易经》,不时就着松树上的露珠来研磨朱砂颜料;中午在书桌旁谈经论佛,清越的木鱼声和着竹林里的阵阵风声,令人心气平和。

【赏析】

清晨坐在窗前研习《易经》,午间伏在桌旁诵读佛经,这是一幅何等超凡脱俗的图画,令人倍觉生活的惬意。虽然我们没必要东施效颦,但也可以有所启发。在百忙之中不妨偷空让自己的内心放松一下,听听音乐,读读书报,享受阳光,打个小盹,这些点滴小事也许就是我们心情舒畅的良方妙药。

花失生机　鸟减天趣

【原文】

花居盆内终乏生机,鸟入笼中便减天趣。不若山间花鸟错集成文,翱翔自若,自是悠然会心。

【译文】

种植在盆中的花卉缺乏欣欣向荣之态,装入笼中的小鸟少了天然之

192

趣。不论是盆中的花朵,还是笼中的小鸟,都比不上山林间自由绽放的鲜花和天空中任意飞翔的小鸟。只有无拘无束,才能完全领会这自然美景所蕴含的无限生机。

【赏析】

龚自珍《病梅馆记》曰:"有以文人画士孤癖之隐明告鬻梅者,斫其正,养其旁条,删其密,夭其稚枝,锄其直,遏其生气,以求重价,而江浙之梅皆病。"不仅梅花要任其天性而生,一切生物皆如此。在我们的生活中,许多父母望子成龙心切,于是无视孩子的自然天性,往往按照自己的意图来规范孩子,使得孩子原本无忧无虑的童年过早地担负起了重压,导致孩子少年老成,缺乏生机。

诸多烦恼　因我而起

【原文】

世人只缘认得"我"字太真,故多种种嗜好,种种烦恼。前人云:"不复知有我,安知物为贵?"又云:"知身不是我,烦恼更何侵?"真破的之言也。

【译文】

世俗凡人因为把"我"字看得太认真,所以养成种种嗜好,惹来诸多烦恼。古人说:"如果不是因为知道有'我'的存在,哪里会把外物看得如此宝贵?"古人又说:"既然知道此身已非'我'所有,又如何还会害怕烦恼的侵袭呢?"这句话真是道出了人生的真谛。

【赏析】

现代社会强调解放思想、张扬个性,但是过于强调自我就会沦为自私自负,因此会成为一个心气狭隘、目光短浅的人,烦恼也会由此而生。一方面,我们不能失去自我,要保持自尊、个性;另一方面,我们要把"小我"放在社会这个"大我"之中,只有抱着"人人为我,我为人人"的宗旨,才能营造和谐良好的社会氛围。

少时思老　荣时思枯

【原文】

　　自老视少,可以消奔驰角逐之心;自瘁视荣,可以绝纷华靡丽之念。

【译文】

　　如果以老年人的眼光去审视青春少年时光,就会在不觉间熄灭自己争名夺利之心;如果从困顿穷苦的角度去看待富贵荣华,就可以断绝奢华享乐的欲念。

【赏析】

　　青春是财富,年老也是一笔不可多得的财富。随着年龄的增长,人的阅历会逐渐丰富,从中积累的经验教训也就越来越多,人的心态也会随之发生变化。少年时代的棱角已被磨平,逐渐淡却,只有实实在在的生活才是真切可感的。经历过由盛而衰的人比一般人更容易体会到富贵荣华的虚幻性,也因此更加珍惜平凡的生活。所以说,任何事物只有在亲身体验之后才会知道什么是应该放弃的,什么是应该珍惜的。

人情世态　倏忽万端

【原文】

　　人情世态,倏忽万端,不宜认得太真。尧夫云:"昔日所云我,而今却是伊。不知今日我,又属后来谁?"人常作是观,便可解却胸中罥矣。

【译文】

世间人情冷暖瞬间变化万千,不要看得过于认真。尧夫说:"过去所说的我,现在却变成了他。不知道今天的我,明天又会变成谁?"世人如果能常常这样想,就可以了却心中的无限牵挂。

【赏析】

世情险恶,人情冷暖,要想平安度过此生,就要学会生存的技巧。如果事事都过于执着,只会使自己不断碰壁。在这种情况下,既要坚持做人的大原则,又不要对那些可以变通的事看得太认真,否则,只会费力不讨好。

热中取静　冷处热心

【原文】

热闹中着一冷眼,便省却许多苦心思;冷落处存一热心,便得许多真趣味。

【译文】

当人们对某事趋之若鹜的时候,如果能保持清醒的头脑,就可以省却许多烦恼;当处于失意潦倒的困境中时,如果还能保持一颗积极向上之心,就可以悟到许多人生的乐趣。

【赏析】

人之一生要懂得如何调理冷热之间的关系:在飞黄腾达、志得意满之时,切忌得意忘形、为所欲为,正谓:"为人莫作千年计,三十河东四十西。"如果充分利用现有资源,冷静地观察和处理事情,即便是有任何突发情况出现,也能从容应对。而那些屈居下僚、时运不济的人,亦不可自暴自弃,"黄河尚有澄清日,岂可人无得运时"。只有保持乐观向上、积极进取的精神,才能拨开云雾见月明。

寻常人家　最为安乐

【原文】

有一乐境界,就有一不乐的相对待;有一好光景,就有一不好的相乘除。只是寻常家饭,素位风光,才是个安乐的窝巢。

【译文】

既然有快乐似神仙的境界存在,就会有痛苦不堪的境地与之相对应;既然有美丽无限的风光存在,就会有平庸无奇的景色与之相对比。只有平淡质朴的生活和自然平凡的景致才是最令人安心、舒适的人生归宿。

【赏析】

任何事物都有正反两面,并且在一定的条件下可以互相转化。俗话说:"荣宠旁边辱相待,贫贱背后福跟随。"刻意追求往往不得其果,人生在世应当一切随缘,切莫强求,能够光明正大做人,平平淡淡过日子就会乐在其中了。

乾坤自在　物我两忘

【原文】

帘栊高敞,看青山绿水吞吐云烟,识乾坤之自在;竹树扶疏,任乳燕鸣鸠送迎时序,知物我之两忘。

【译文】

卷起门帘,推开窗户,尽赏青山绿水、云雾缭绕的迷人景观,自然对自然天地的悠闲自得有所心领神会;竹影憧憧,树叶婆娑,倾听燕子斑鸠报告时序的鸟鸣声,逐渐达到物我两忘、浑然合一的境界。

【赏析】

徜徉在青山绿水之间,尽情享受大自然的和谐与安宁,人们的争名夺利之心也会因此而逐渐消失。能够任身心自由舒展,达到物我两忘的境界,这多么令人羡慕啊!所以,在失意落魄、烦心焦躁的时候千万不要忘记向大自然去寻求慰藉。

生死成败　任其自然

【原文】

知成之必败,则求成之心不必太坚;知生之必死,则保生之道不必过劳。

【译文】

既然知道有成功就必定会有失败,那么渴望成功的心意就不必如此坚定;既然知道出生之后最终将走向死亡,那么保健养生之道就不必过于劳烦。

【赏析】

成功与失败是一对孪生子,总是不离不弃、如影随形。历经种种艰难困苦之后必将迎来胜利的喜悦,而成功之后还有一个又一个的堡垒需要我们去攻克,一帆风顺的日子总是很难得的。意识到这一点之后,我们就要用平和的心态来对待是非成败,它们别无二致,都是人生的宝贵财富。人生能够看破成败得失,还要能看破生死大关。其实任何人都非常明了生之后就是死的必然。但仍有人抱着长生不老的幻想,炼制仙丹,服食药物。与其把精力耗费在不可能的事情上,还不如抓紧有限的时间让生命更加充实。

水流境静　花落意闲

【原文】

古德云:"竹影扫阶尘不动,月轮穿沼水无痕。"吾儒云:"水流任急境常静,花落虽频意自闲。"人常持此意,以应事接物,身心何等自在!

【译文】

古时候的一位得道高僧说过:"竹子的影子在台阶上来回扫动却扬不起任何灰尘,一轮明月透射水面却激不起任何涟漪。"当今的大儒说:"无论水流多么湍急,我心依然保持宁静;无论落花如何频繁,也丝毫不影响我闲适自在的意趣。"如果世人能够领会这层深意,并把它运用到待人接物上,那么身心将会是何等的悠闲自得啊!

【赏析】

在一个安宁祥和的环境中,人们能够做到气定神闲,能够专心致志地做事情,但是如果这种秩序被打破了呢?如果环境不再安宁,人们还能一如既往地完成功业吗?客观环境不因人而改变,人们只能去适应它,人们应当要学会不受外物的干扰,"不以物喜,不以己悲",才能享受悠闲自在的生活。

自然乐曲　乾坤文章

【原文】

林间松韵,石上泉声,静里听来,识天地自然鸣佩;草际烟光,水心云影,闲中观去,见乾坤最上文章。

【译文】

山林中松涛阵阵,岩壑间泉水淙淙,静静聆听这松泉之音,就能领悟到大自然奏出的和谐音符；草地上弥漫着薄薄烟雾，水中央倒映着朵朵白云，悠闲地欣赏眼前之景，才发现这就是宇宙间最美妙的景致。

【赏析】

天下间至奇至妙的文章都比不过大自然这部大书，她孕育了宇宙万物，信手拈来的任一景观都是一曲美妙绝唱。对大自然我们应当要怀着一颗感恩的心，切勿以主人自居，随意践踏。我们今天所享受的一切都来源于大自然的赐予，只有在大自然的怀抱中才能无忧无虑地享受人生。

溪壑易填　人心难满

【原文】

眼看西晋之荆榛，犹矜白刃；身属北邙之狐兔，尚惜黄金。语云："猛兽易伏，人心难降；溪壑易填，人心难满。"信哉！

【译文】

眼看着西晋处于风雨飘摇之势，前途未卜，却还有人在炫耀武力；眼看着身陷危机，即将沦为北邙山狐兔的口食，却还念念不忘金银财宝。有一句话说："凶猛的野兽容易降伏，但人的内心却很难收服；溪流沟壑容易填平，但人的欲望却永远无法满足。"这确实是颠扑不破的真理。

【赏析】

"人为财死，鸟为食亡。"这多么可悲啊！却又是不争的事实。诗人曹植怀着一种揪心的苦痛吟出了那首《七步诗》："煮豆燃豆萁，豆在釜中泣。本是同根生，相煎何太急？"短短二十字，深刻揭露出在争夺权力的竞技场中，人们是如何的丧心病狂、泯灭人性。纵观历史长河，这种自相残杀的悲惨画面时有发生，悲剧从来就没有停止过。我们不得不感叹人性的贪婪与罪恶。

心无风涛　性有化育

【原文】

　　心地上无风涛,随在皆青山绿树;性天中有化育,触处见鱼跃鸢飞。

【译文】

　　如果心境平和,没有杂念,那么随处可见的就都是青山绿树般迷人的景致;如果天性中有教化培育万物的爱心,那么触目所及的就都是鱼跃鸟飞的喜人景观。

【赏析】

　　一个心平气和的人看待任何事物都抱着一种宽容、理解的态度,从不以挑剔的眼光评判事物,因而在他看来世间的一切都是美好的,都能让他感到有所满足。而一个充满爱心的人常常将其爱心撒播到世间各处,令人感受到一种温情的存在,不仅打动了别人,教化了别人,更令整个社会充满了一种互助互爱的气息。

贵贱高低　自适其性

【原文】

　　峨冠大带之士,一旦睹轻蓑小笠,飘飘然逸也,未必不动其咨嗟;长筵广席之豪,一旦遇疏帘净几,悠悠焉静也,未必不增其绻恋。人奈何驱以火牛,诱以风马,而不思自适其性哉?

身着华服的达官贵人偶然遇见头戴竹笠、身披蓑衣的渔翁,也不禁会为他那股超俗飘逸之气所折服;经常举行奢靡筵席的朱门绣户如果看到平民百姓那窗明几净、幽静闲适的自在生活,肯定会生出几分眷念之情。然而,世人为何沉迷于对物质的追逐,而不去考虑舒展自己的天然本性呢?

【赏析】

每个人的生存状态各有不同,或许连我们自己都不甚明了这种生活方式是否就是最适合自己的。所谓有比较才会有鉴别,当我们观察到另一种生活状态的时候也许会心有触动,不禁重新审视自己的生活状态。尤其是那些利欲熏心、终日陷入各种纷争中的人,一旦目睹了那种平淡如水、朴实无华的生活,他们心灵的震撼是可想而知的。

鱼得水逝　鸟乘风飞

【原文】

鱼得水逝,而相忘乎水;鸟乘风飞,而不知有风。

识此可以超物累,可以乐天机。

【译文】

鱼因为有水才能畅游,但是鱼儿并未意识到水的存在;鸟因为有风才能自由飞翔,但是鸟儿并未在意它所凭借的风力。懂得这个道理就可以摆脱外物的束缚,可以领悟到自然天成的乐趣。

【赏析】

鱼儿离开了水就无法自由自在地游来游去,鸟儿失去了风的支撑也难以直冲云霄,人如果失去了赖以生存的物质基础也就无法存活,物质是人之生存的首要条件。然而,世人却往往因此而钻入了牛角尖,把物质的功能无限度地夸大了,把对物质的最大占有当成了人生的唯一目标,沦为了物欲的奴隶。

盛衰无常　强弱安在

【原文】

狐眠败砌,兔走荒台,尽是当年歌舞之地;露冷黄花,烟迷衰草,悉属旧时争战之场。盛衰何常?强弱安在?念此令人心灰。

【译文】

狐狸眠息在衰败的砖墙中,兔子奔走在荒凉的亭台上,这里是往日的歌舞繁华地;寒霜冷露摧残着丛丛秋菊,云烟雨雾笼罩着遍野衰草,这里是昔日的金戈铁马之地。兴盛和衰败怎么可能永久存在呢?那些曾经强盛的、衰败的人事如今又在哪里?念及此处,就觉得心灰意冷。

【赏析】

"滚滚长江东逝水,浪花淘尽英雄。""吴宫花草埋幽径,晋代衣冠成古丘。"多少繁华似梦,英雄如歌,如今都已化作万丈红尘,只有青山隐隐,绿水悠悠。历史的兴衰荣辱让我们意识到个人的宠辱得失是多么的微不足道,进而有助于熄灭我们心中的欲望火焰,打消争强好胜之心。但这并不是要我们悲观地面对生活,而是要树立健康、准确的人生观,实现人生价值。

宠辱不惊　去留无意

【原文】

宠辱不惊,闲看庭前花开花落;去留无意,漫随天外云卷云舒。

　　无论是面对荣耀,还是面对耻辱,内心都不会惊起任何波澜,而是悠闲地观看庭院中的花开花落;无论是加官晋爵,还是贬谪迁徙,都淡然视之,只是随兴观看天上的浮云自由舒卷。

【赏析】

　　俗谓:"生死由命,富贵在天。"暂且抛开其唯心论的消极方面,我们尽可以吸收其积极因素。人要有一种淡泊情怀,要能从容面对人生的各种是非成败。如果终日患得患失、斤斤计较,这种日子是不会开心的。

高天可翔　万物可饮

【原文】

　　晴空朗月,何天不可翱翔,而飞蛾独投夜烛;清泉绿竹,何物不可饮啄,而鸱鸮偏嗜腐鼠。噫!世之不为飞蛾鸱鸮者,几何人哉!

【译文】

　　晴空万里,朗月高悬,哪一处天空不能自由飞翔呢?但是飞蛾偏偏要扑向暗夜里的烛光。泉水清澈,青草遍野,什么东西不可以食用呢?然而鸱鸮却独独喜欢吞食腐烂的老鼠。唉,世上不像飞蛾、鸱鸮般的人又有几个呢?

【赏析】

　　上天有好生之德,每个人都有其生存的权利,奈何有的人却自绝其路,自取灭亡。"大福由命,小福由勤。"只要有一颗诚实的心,一双勤劳的手,天涯海角,随处可为家。然而,有的人却一门心思想走捷径,坐享其成,甚至不惜杀人越货,陷入罪恶的深渊,走上不归路。

求心内佛　却心外法

【原文】

　　才就筏便思舍筏,方是无事道人;若骑驴又复觅驴,终为不了禅师。

【译文】

　　刚刚登上竹筏就打算要舍弃它,这才是心无杂念的真正道人;如果骑在驴子上却想着还要寻觅一头驴,终究成不了六根清净的得道高僧。

【赏析】

　　《传灯录》曰:"参禅有两个毛病,一个是骑驴而觅驴,一个是骑驴而不肯下驴。"很多时候,人们都为外物所累,在苦不堪言的情况下转向佛教寻求解脱,虽然终日参禅打坐,吃斋念佛,聆听佛法,却始终不能了却心中的尘俗杂念。其实,"一切众生皆有佛性"。所谓"即心即佛",佛无须向外寻求,只在人们心中,只要能够做到内心的无欲无求,就是有佛在心头了。

冷情当事　如汤消雪

【原文】

　　权贵龙骧,英雄虎战,以冷眼视之,如蚁聚膻,如蝇竞血;是非蜂起,得失猬兴,以冷情当之,如冶化金,如汤消雪。

【译文】

　　有权势的达官贵人像蛟龙般腾空而起,叱咤风云的英雄豪杰如猛虎

204

般浴血鏖战。如果用冷眼旁观他们的纷争打斗,就如同蚂蚁因为腥臊味而聚集在一起,蚊蝇因为血腥味而纠集在一堆,令人感到恶心。人世间的是非恩怨像群蜂飞舞般杂乱纷繁,得失成败像刺猬竖起的毛针般密集难数,如果用冷静的头脑来看待这一切,就好比金属放在熔炉中冶炼成铁水,冰雪触碰到沸水而瞬间消融。

【赏析】

英雄相争,权贵煊赫,看似轰轰烈烈,如果以冷静的眼光来看待他们,无非就是"名利"二字,既没有任何跳脱之处,也不值得我们有所艳羡。因为无论多么惊天动地的人生都将灰飞烟灭,化作尘埃,只有高尚的节操才会永垂青史。

物欲可哀　性真可乐

【原文】

羁锁于物欲,觉吾生之可哀;夷犹于性真,觉吾生之可乐。知其可哀,则尘情立破;知其可乐,则圣境自臻。

【译文】

被物欲所羁绊,就会觉得这一生非常可悲;如果人的自然本性得以自由舒展,就会觉得这一生非常快乐。意识到了受物欲困扰的悲哀之后,世俗的情怀就可以立即消除;意识到了流连于真心本性的快乐之后,崇高的圣贤境界就会自然到来了。

【赏析】

人之命运无常,很多事情都不是人为可以控制的,但是对人之喜怒哀乐我们却能够有所掌控。人生最大的悲哀莫过于被物欲所牵累,如能去除此累,就会进入人生的美妙境界。当我们对此有所意识之后,应当竭力减除物累,让生命回归自然本性。

胸无物欲　眼自空明

【原文】

　　胸中即无半点物欲,已如雪消炉焰冰消日。眼前自有一段空明,时见月在青天影在波。

【译文】

　　心中如果没有贪图名利的欲望,心灵就会像雪花消融在炉火中、冰块融化在阳光底下般干净透明。如果能够高瞻远瞩,洞悉一切,就如同时时看见当空的朗月、波心的月影般空灵纯澈。

【赏析】

　　物质欲望常常能迷惑人的心智,私心杂念往往使人变得晦暗不明。只有摒弃这些心中的障碍,眼界才能随之变得开阔,胸怀才能随之变得豁达,这时方可感受到另一番截然不同的人生。

林岫江畔　诗兴自涌

【原文】

　　诗思在灞陵桥上,微吟就,林岫便已浩然;野兴在镜湖曲边,独往时,山川自相映发。

【译文】

　　在灞陵桥上相送离别,不禁诗兴勃发,稍一吟咏,山林岩壑就随之充满了情趣;在清澈可鉴的湖边散步,不觉引发了归隐之心,独自行走时,触目可见山川水光交相辉映的情景。

【赏析】

"宁可食无肉,不可居无竹。"在诗人苏东坡的心中,以竹子为代表的精神食粮之重要性远远超过了物质方面的享受。对文人墨客而言,那种文思勃发、激情如泉涌的灵感瞬间并非空穴来风,在很多情况下都是被自然景物所感召。后主李煜面对春花秋月而引起无限亡国哀思;苏子泛舟赤壁之下,见"白露横江,水光接天",不禁生发"哀吾生之须臾,羡长江之无穷"的感慨。如果身处金碧辉煌的雕梁画栋之中,终日被世俗琐事所纠缠,是不可能体味到这份高雅情怀的。

伏久飞高　开先谢早

【原文】

伏久者飞必高,开先者谢独早。知此,可以免蹭蹬之忧,可以消躁急之念。

【译文】

潜伏得越久的鸟儿飞得越高,盛开得越早的花儿谢得越快。知道了这个道理就再也不必为久居人下而忧心,同时也可以打消焦躁激进的念头。

【赏析】

成大事者,争百年,不争一息。匆促而成的功业必然是短暂的,易消逝的。所谓:"登高必自卑,行远必自迩。"事业的巅峰,成功的彼岸,看似遥不可及,但只要我们能打消心浮气躁之念,怀着乐观进取之情,一步一个脚印,就会有获取胜利的一天。这种成功是可以经受任何考验的。我们常说的"心急吃不了热豆腐",就是这个道理。

花叶成梦　玉帛成空

【原文】

树木至归根,而后知华萼枝叶之徒荣;人事至盖棺,而后知子女玉帛之无益。

【译文】

树木凋零殆尽的时候,才知道茂盛的枝叶和鲜艳的花朵只是一时虚景;人到行将就木的时候,才知道成群的子女和丰厚的财物原来毫无用处。

【赏析】

一切华而不实的东西都是没有意义的。譬如人生,富贵荣华、高官厚禄,不过是过眼云烟,虚幻如梦,所以"劝君莫做守财奴,死去何曾带一文"。但是,这个简单的道理却不是人人都能用心体会的,只有大限已到、人之将死时,才会有所顿悟,到时必将悔之不已。

真空不空　在世出世

【原文】

真空不空,执相非真,破相亦非真,问世尊如何发付? 在世出世,徇欲是苦,绝欲亦是苦,听吾侪善自修持!

【译文】

超出所有色欲之外,做到四大皆空,人心也未必真能看破这一切;执着于事物的表象不能看清事物的本质,即使是穿过事物表象也并不一定就能觅得事物真相,请问佛祖该如何应对这一切? 身处世俗红尘之中,醉心于欲望追逐会令人感到痛苦,即便是避世隐居,断绝一切欲念,还是不能使人从痛苦中解脱出来,这时就只有靠个人坚持不懈的道德修养。

【赏析】

世间万象复杂纷呈,只是"假作真时真亦假,真作假来假亦真"。要明辨虚实、判断是非,确属不易。与其在这些荆棘迷雾中苦心探求真实本相,不如息心修道,养吾身之正气。如果能够做到意志坚定、心如磐石,那么所有的纷繁杂念都莫奈我何了。

欲有尊卑　贪无二致

【原文】

烈士让千乘,贪夫争一文,人品星渊也,而好名不殊好利;天子营家国,乞人号饔飧,分位霄壤也,而焦思何异焦声。

【译文】

忠烈之士礼让千乘之国的待遇,贪婪小人争夺一文小钱,虽然他们的人品有天壤之别,但是他们爱慕声名的心理与贪图钱财的心理却没有什么本质区别。天子治理国家大事,乞丐沿街要饭,虽然他们的身份有巨大悬殊,但他们忧虑着急的心情却是没有任何区别的。

【赏析】

地位有等级尊卑之分,人品有气节高下之分,有些事情只看表面现象是容易被其迷惑的,必须要深入其中,探其究竟。比方说,贪婪小人为了一文钱而争得面红耳赤,我们会鄙视其为人;而有的人却毫不吝惜地将财富珍宝拱手于人,这种行为肯定会得到社会的褒奖。然而其内心也不过是想获取美名而已。试问,这种贪婪的本质和前面的小人有何区别? 只是一隐一显罢了。世间之物虽然呈现万千状态,但只要我们稍加留心,就能对其分门别类,求同存异。

覆雨翻云　总慵开眼

【原文】

　　饱谙世味,一任覆雨翻云,总慵开眼;会尽人情,随
教呼牛唤马,只是点头。

【译文】

深谙人情、通达世故的人任凭世间风起云涌,反复无常,也无心过
问;尝尽人情冷暖、世态炎凉的人即使是像牛马一样被人呼来喝去,随意
差使,也只是点头俯首而已。

【赏析】

"人情莫道春光好,只怕秋来有冷时。"世间之事,冷热无常。在饱
经沧桑之后,人们才能深切领会到世态之炎凉,人情之反复。有的时候,
人要做到内方外圆,对于那些无伤大雅之事尽可以敷衍而过,不要斤斤
计较。如果无论大事小事都要分出高低,争个对错,必将会使自己撞得
头破血流,不如放宽心怀,任其而为。

前念后念　随缘打发

【原文】

　　今人专求无念,而终不可无。只是前念不滞,后念
不迎,但将现在的随缘打发得去,自然渐渐入无。

【译文】

世人一心想除却心中杂念,但终究难以做到。其实,只要先前的杂
念不滞留心中,竭力杜绝新的杂念出现,那么只需将现在的杂念随缘除

却之后,就自然会进入一个无欲无求的境界。

【赏析】

有人认为要做到心无杂念是很困难的事情,其实不然,只要我们循序渐进,对过去、现在和将来的欲念采取有针对性的措施,就能各个击破,逐步达到无欲无求的境界。

偶会佳境　自然真机

【原文】

意所偶会,便成佳境;物出天然,才见真机。若加一分调停布置,趣味便减矣。白氏云:"意随无事适,风逐自然清。"有味哉! 其言之也。

【译文】

于偶然中领会得一段意趣就不觉进入了一种美妙的境界,在浑然天成的东西中能够显现出自然造物的真正玄机。如果在此中增加一点刻意人为的安排,就会使这种自然情趣大大减少。白居易说:"无所事事的境界是最闲适的,从自然界吹来的风是最清凉的。"这句话真是蕴含了无穷的趣味。

【赏析】

《登徒子好色赋》中这样形容东家之子的美貌:"增之一分则太长,减之一分则太短;着粉则太白,施朱则太赤。"由此可见,天然之美是任何人为的措施都无法比拟的。人之本性也是出自天然,如果有所压抑,有所扭曲,必不能健康、快乐地成长,享受不到人生的自然真趣。只有去除各种物累,才能真正体味到无拘无束的兴味。

性天澄彻　何必谈禅

【原文】

性天澄彻,即饥餐渴饮,无非康济身心;心地沉迷,纵谈禅演偈,总是播弄精魂。

【译文】

天性纯净、心底无私的人即使是吃不饱、喝不好,也总是保持一种豁达的情怀;心智迷乱、沉沦堕落的人,即使是吃斋念佛,诵读禅经,也不过是浪费时间、虚耗精力。

【赏析】

参禅悟道并不是用来装点门面、表明心迹的。无论是遁入空门的僧侣,还是寄身红尘的凡夫,只要心中有佛、六根清净,就是顿悟之人。正如六祖慧能法师所云:"心迷法华转,心悟转法华。"世人无须花费时间去做表面功夫,最根本的是内心的修持有为。

人有真境　即可自愉

【原文】

人心有个真境,非丝非竹而自恬愉,不烟不茗而自清芬。须念净境空,虑忘形释,才得以游衍其中。

【译文】

人人心中都有一个真性情存在的美妙仙境,即使没有动听的丝竹管弦之音,也觉得心情恬淡而愉悦;即使没有烟炉清茶,也觉得气味芬芳淡雅。只有断绝心中欲念,摆脱形体的束缚,才能悠闲自如地畅游在这种美好的境界中。

轻歌曼舞、热茗香茶的日子可以给人带来一时的愉悦,缓解暂时的疲劳,但是真正主宰人之喜怒哀乐的却是人之本心。《陋室铭》曰:"谈笑有鸿儒,往来无白丁。可以调素琴,阅金经;无丝竹之乱耳,无案牍之劳形。"这是一种恬然自得的生活方式,虽然清苦,却不乏情趣。只有那种心气狭隘之人才随时会为一点琐屑小事而闷闷不乐,贪婪成性的人整日只知聚敛财富;而那些淡泊名利、胸怀宽广的人却无须为此而忧心发愁,他们的心境永远是明亮无垢的,永远都轻松自在。

幻以求真　雅中求俗

【原文】

金自矿出,玉从石生,非幻无以求真;道得酒中,仙遇花里,虽雅不能离俗。

【译文】

黄金是从矿石中冶炼出来的,玉器是由石头雕琢而成的,不经过这样一个幻化转变的过程就得不到最后的真实;在品酒中可悟得真理,在花团锦簇中可遇得神仙,即使是最高雅的事也不能脱离世俗凡尘而存在。

【赏析】

虚实、雅俗不是决然对立的,失去了任何一方,另一方就不可能存在。闪闪发光的金子、晶莹剔透的玉器,在此之前不过是毫不起眼的一堆矿砂,一块石头而已,谁敢说从此而能求得黄金美玉呢? 在最朴实无华的外表下往往掩藏着光辉夺目的一面。世人常常斥责鄙俗,自视清高,殊不知,大俗即大雅,真正的高雅从来就不是脱离群众基础而孤立存在的,有了"俗"作依托,"雅"才能有所突破。

俗眼观异　道眼观常

【原文】

　　天地中万物，人伦中万情，世界中万事，以俗眼观，纷纷各异；以道眼观，种种是常。何烦分别，何用取舍？

【译文】

　　宇宙中的各种事物，世间的各种人情，天地中的各种事情，用凡俗的眼光来看是大相径庭的，但是用大道一统的眼光去看所有这些都属平常。有什么可以区别的？有什么值得取舍的呢？

【赏析】

　　万事万物，人情纠葛，看似复杂，无从下手，只要换个角度来思考，就会得出不同的结论。如果人们能用一种超然物外的心态来审视大千世界，就会发现所有的一切尽属平常，没有什么特别之处。明白了这个道理，我们就不要为每件具体的物事而烦恼了。

布被神酣　藜羹味足

【原文】

　　神酣布被窝中，得天地冲和之气；味足藜羹饭后，识人生淡泊之真。

【译文】

　　安然酣睡在粗布制成的棉被中，不觉滋养了心中的冲淡之气；粗茶淡饭吃饱后，才体味到平淡人生的真正乐趣。

【赏析】

　　俗话说："咬得菜根香，寻出孔颜乐。"粗茶淡饭的日子虽然清苦，但那种安闲自在之情却足以令人心下生慰。试看五柳先生"晨兴理荒秽,带月荷锄归",宁愿披星戴月、不辞劳苦,也不愿奴颜婢膝。这种优劣之别不言而喻。

了心悟性　俗即是僧

【原文】

　　缠脱只在自心,心了,则屠肆、糟廛居然净土。不然,纵一琴一鹤,一花一卉,嗜好虽清,魔障终在。语云:"能休尘境为真境,未了僧家是俗家。"信夫!

【译文】

　　有所羁绊还是了无牵挂,都在乎人的本心。如果心无杂念,即使是身在屠坊酒肆,也视同极乐净土。否则的话,即使终日与琴鹤为伴,栽花养草,即使所有的嗜好都是高雅的,也难以除却心中的魔障。俗话说:"能超脱世俗的人才进入了人生的真境,没有了却尘缘的僧人终究还只是凡夫俗子。"确实是这样啊!

【赏析】

　　僧人和俗人只是外在身份有所区别。有些人遁入空门,只是想借助佛门之清规戒律来了却尘缘。俗话说:"师傅领进门,修行在个人。"即使身处佛门净地,如果不断绝各种欲念的话,那也只是徒有其表的僧人。反之,那些身居滚滚红尘中的凡夫俗子,如果有朝一日做到了六根清净,了无牵挂,那么即使不断发剃度,也算是不折不扣的神仙道人了。

万虑都捐　一真自得

【原文】

　　斗室中,万虑都捐,说甚画栋飞云,珠帘卷雨;三杯后,一真自得,唯知素琴横月,短笛吟风。

【译文】

身居狭小的房间内,把忧愁烦恼都抛诸脑后,不去理会什么雕梁画栋、珠帘飞卷。酒过三杯之后,逐渐悟得人生真趣,只在乎月下抚琴、迎风吹笛的感受了。

【赏析】

即使抛弃所有的私心杂念,荣华富贵,也不会得不偿失。因为去除了这些欲念之后,人的真心本性才会得以呈现。试想,在简洁明亮的斗室之中,对酒当歌,吟风弄月,任思绪自由散漫,这不是很美妙的事情吗?那种放飞心灵的感觉是无与伦比的。

天性未枯　机神触事

【原文】

万籁寂寥中,忽闻一鸟弄声,便唤起许多幽趣;万卉摧剥后,忽见一枝擢秀,便触动无限生机。可见性天未常枯槁,机神最宜触发。

【译文】

在万籁俱寂之时,忽然听得鸟鸣之声,不觉唤起心中的闲情逸致;当所有的花草树木都凋零后,忽然看到一朵花儿怒放枝头,心中不禁涌起无限生机之感。由此可见,人的本性并非如枯槁般毫无生气,那种活泼生动的机趣很容易触发。

【赏析】

自然之运转生生不息,永无休止,在其貌似安静的外表下孕育着世间万物,掌管着寒来暑往。即便是在那"千山鸟飞绝,万径人踪灭"的冰天雪地之中也还时常会有"孤舟蓑笠翁,独钓寒江雪"。由此可知,大自然之生机未曾一刻停止,人们缺少的是一双善于发现美的眼睛和对生命的激情。

操持身心　收放自如

【原文】

　　白氏云:"不如放身心,冥然任天造。"晁氏云:"不如收身心,凝然归寂定。"放者流为猖狂,收者入于枯寂。唯善操身心的,把柄在手,收放自如。

【译文】

　　白居易说:"不如放纵自己的身心,冥冥中听从上天的安排。"晁补之说:"不如克制自己的身心,把一切归于安定平静。"放纵身心容易使人变得狂妄自大,克制身心则使人变得枯槁无趣。只有善于把持身心的人才能收放自如,仿佛手中掌握着开关器。

【赏析】

　　对于自身的把握,无论是收还是放,都要有一个尺度,有一定标准,否则就会有失偏颇。一方面,我们不能放任自流、恣意纵欲,这样只会使人变得狂妄自大、不学无术、目中无人;另一方面,我们又不能抑制天性,强压人心,这样又会使人流于呆滞刻板、畏首畏尾、缺乏开拓创新精神。只有懂得收放自如的人才能滋润身心,朝着健康的方向发展。

造化人心　混合无间

【原文】

　　当雪夜月天,心境便尔澄彻;遇春风和气,意界亦自冲融。造化人心,混合无间。

【译文】

每逢雪花飞舞、皓月朗照的夜晚,人的内心就会格外纯净清澈;每当和风送暖、春意融融的时候,人的意念也因此而冲淡平和。天地造化与人之本心融汇一体,无分异同。

【赏析】

古人云:"智者调心不调身,愚者调身不调心。"人心为万物之主宰,心有多亮,世界就会有多鲜亮;心有多大,人生的舞台就有多大。既然人心可调,意即人心也会受自然客观环境之影响:冬雪之洁白无瑕会令人感到心境澄彻,阳春之生机勃勃会激人奋进;反之,炎夏之酷暑难耐会使人心绪不宁,清秋之萧瑟凋零会使人意兴索然。由此可见,人心与自然天体是紧密相连的,调整人心不可忽视自然之伟力。

文以拙进　道以拙成

【原文】

文以拙进,道以拙成,一"拙"字有无限意味。如桃源犬吠,桑间鸡鸣,何等淳庞。至于寒潭之月,古木之鸦,工巧中便觉有衰飒气象矣。

【译文】

文章讲究质朴无华才能有所长进,道义出自自然本心才能修炼有成。一个"拙"字蕴含着说不尽的意味。如同桃花源中的狗叫声,桑树间传来的鸡鸣声,多么淳朴啊!而说到清冽潭水中的月影,枯藤老树上的昏鸦,虽然有精雕细琢之工,但却不免给人一种肃杀衰败之感。

【赏析】

投机取巧之人虽然可以贪得一时的便宜,但终究是归于末流,难成气候,甚至聪明反被聪明误。而抱朴守拙之人虽然面相鲁钝,但其内心质朴无华。他们专注于勤奋努力,从不寄希望于捷径小道,因为他们懂得只有勤劳才可以使最平常的机遇变成良机。

以我转物 大地逍遥

【原文】

以我转物者,得固不喜,失亦不忧,大地尽属逍遥;

以物役我者,逆固生憎,顺亦生爱,一毫便生缠缚。

【译文】

不被物欲所牵累的人,有所得也不会高兴,有所失也不会忧伤,委身天地间,他们感到逍遥自在;被物欲所羁绊的人,遇到忤逆之事就心怀憎恨,遇到顺意之事就意下欢喜,即使是微不足道的事情也能把他牢牢束缚。

【赏析】

人之天性都是向往自由的,但大多时候我们都感觉到身心有所束缚,毫无自由之乐。事实上,掌握自由的开关就在自己手中。只要你摒弃心中的物欲杂念,做到胸怀坦荡,就没有任何东西可以牵绊你。反之,如果你沉湎于物质享受,陶醉于好名博誉,那你的自由也将完全交付于此,受其驱遣。

形影皆去 心境皆空

【原文】

理寂则事寂,遣事执理者,似去影留形;心空则境空,去境存心者,如聚膻却蚋。

执着于枯寂的义理，那么做事也会流于枯寂。疏于做事而空自讲究大道理，就好比失掉了影子却还想要留下形体那样让人觉得不可理喻。只要心灵纯净空明，无论外部环境如何变化，总会视为清静。如果只一味地要求外部环境的清静，而不理会心中的杂念，那就好比用聚集起来的腥臊味来驱赶蚊虫般可笑。

【赏析】

一切颠扑不破的真理都不会从天而降，而是来源于实践。只有在现实生活中总结经验、摸索规律，才能形成一条条众人皆知的真理。离开了现实土壤去凭空找寻真理，那就如同缘木求鱼般可笑。同理，只要人的内心有所把持，那么无论外在环境如何变化，也不会动摇其意志，败乱其品行。如果自己的内心充满了各种妄念私欲，即使是居住在深山老林中也不会因此而变得高洁。外部环境只是磨炼心性的客观基础，真正的修养完全依靠个人的主观意志。

任其自然　总在自适

【原文】

幽人清事总在自适，故酒以不劝为欢，棋以不争为胜，笛以无腔为适，琴以无弦为高，会以不期约为真率，客以不迎送为坦夷。若一牵文泥迹，便落尘世苦海矣！

【译文】

要做幽静之人，行清雅之事，无非就在于顺应自然本心。因此，饮酒之乐在于无须互相敬劝，下棋之高明在于不争强好胜，笛声之悠闲在于不刻意吟腔弄调，琴声之动听在于随兴所奏，不期而会的相见是最为真诚率性的，不迎来送往的宾客最为坦荡诚挚。如果拘泥于繁文缛节，那就会使人堕入世俗的苦海中！

【赏析】

《世说新语》载："王子猷居山阴。夜大雪，眠觉，开室，命酌酒。四望皎然，因起彷徨，咏左思《招隐》诗。忽忆戴安道。时戴在剡，即便夜乘小船就之。经宿方至，造门不前而返。人问其故，王曰：'吾本乘兴而行，兴尽而返，何必见戴？'"作家李国文对此颇有感触，他说："魏晋文人的潇洒故事，最脍炙人口的，莫过于'雪夜访戴'这段佳话。要论潇洒，能玩到如此令人叫绝的程度，从古至今，还无人及之。"人的兴致即是自在人心的反映，毫不做作。如若动了虚妄的念头，就会处处做假，处处受到束缚，人的自然天性就会被压制、被扭曲。如何还能享受到人生之机趣呢？

思及生死　万念灰冷

【原文】

试思未生之前有何象貌，又思既死之后作何景色，则万念灰冷，一性寂然，自可超物外而游象先。

【译文】

试着想象一下人在出生以前的相貌，以及身死之后又是怎样的景象，只要念及此处，就会万念俱消，心灰意冷。只有人的真实本性寂然呈现，这样才可以超然于物质利益之外，摆脱形体的束缚。

【赏析】

当人们在为功名利禄奔波不已的时候，想到自己既无法想象出生之前的情景，也无法料到身死之后的景象，不免有些黯然神伤。原来天命如此不可测，我们还执着于那些生不带来死不带去的名利，究竟有何意义呢？也许，多进行一些类似的人生思考，就会逐渐消除人的妄念。

福祸生死　须有卓见

【原文】

遇病而后思强之为宝,处乱而后思平之为福,非蚤智也;幸福而先知其为祸之本,贪生而先知其为死之因,其卓见乎!

【译文】

疾病缠身之后才知道身体强壮的宝贵,饱尝颠沛流离之苦后才知道平静生活的幸福,这些都是没有先见之明的表现。处于幸福安乐的环境中却清醒地意识到这是招致祸患的根源,虽然贪图生的快乐,却也知道这是走向死亡的必经之路,这样才是有卓越远见的人。

【赏析】

人生之智在于"常将有日思无日,莫待无时想有时"。世间之事,瞬息万变,福祸安危随时可以发生转变,令人措手不及。若想做到游刃有余,处变不惊,就应当要未雨绸缪,切忌临渴掘井。

妍丑胜负　今又安在

【原文】

优人傅粉调朱,效妍丑于毫端;俄而歌残场罢,妍丑何存? 弈者争先竞后,较雌雄于着子;俄而局尽子收,雌雄安在?

【译文】

优伶歌伎涂脂抹粉,用彩笔绘出或美丽或丑陋的脸孔,然而歌舞戏剧散场之后,这些美与丑又哪里还会存在呢? 下棋之人为了一个棋子你

222

争我夺,一较高低,然而棋局结束之后,这些胜负又有什么意义呢?

【赏析】

美丑胜负只是一时之景,美丽的事物也会随时间的流逝而日趋丑陋,胜利的喜悦也会被随后的失败所冲淡。总之,一切自以为是、得意忘形的事物终究会化为乌有、归于寂灭。人生不过是你方唱罢我登场,无人不是匆匆过客,为何炫耀、为何伤心呢?

风花竹石　静闲得之

【原文】

风花之潇洒,雪月之空清,唯静者为之主;水木之荣枯,竹石之消长,独闲者操其权。

【译文】

微风鲜花的悠闲自在,白雪皓月的空灵纯净,只有内心宁静的人才能够自由地享受它们;河水树木的繁盛枯涸,竹林岩石的消退增长,只有心境闲适的人才能任意地欣赏它们。

【赏析】

面对同样的自然景观,有的人细思玩味,心有感触;有的人走马观花,无迹可寻。如此迥然相异的效果和观赏者的心境有密切关系。同样是诗人,同样是在春天,但是他们的感受却有天渊之别:"春风得意马蹄疾,一日看尽长安花",让我们看到一个踌躇满志、英姿勃发的诗人孟郊;"国破山河在,城春草木深。感时花溅泪,恨别鸟惊心",描绘出一个忧时伤国、无限悲戚的诗人杜甫。由此可知,大自然不单纯是被欣赏的客观对象,重要的是她还能够与人的心灵产生互动,增添情韵。

天全欲淡　人生至境

【原文】

　　田父野叟,语以黄鸡白酒则欣然喜,问以鼎食则不知;语以缊袍短褐则油然乐,问以衮服则不识。其天全,故其欲淡,此是人生第一个境界。

【译文】

　　和山野村庄中的老人谈话时,说到黄鸡白酒他便非常高兴,若被问及山珍海味却浑然不知;说到棉袍布袄他喜不自胜,若论及锦衣华服却一无所知。他们保全了天然本性,所以能够做到清心寡欲,这才是人生的最高境界。

【赏析】

　　在现代社会中,许多人都津津乐道于各种时尚名牌,在物质生活方面竞相攀比,不仅在社会上形成了不良之风,而且还对那些保持质朴生活的人大加鄙视。这种人完全被膨胀的虚荣心遮蔽了心智,他们的所作所为对于真实的人生毫无意义,反而是那些安贫乐道之人可以时时领悟到自然生活的乐趣。

观心增障　齐物剖同

【原文】

　　心无其心,何有于观? 释氏曰"观心"者,重增其障。物本一物,何待于齐? 庄生曰"齐物"者,自剖其同。

心中如果没有私心杂念,何必要在内省上花工夫呢?佛家所说的"反观内省",实际上反而增加了修行的障碍。天地万物本为一体,何必要等待人来划归同一呢?庄子所说的"消除物我的界限",是人为地把本来属于同一体的东西分开了。

【赏析】

物我同一是人之天性使然,由于身处世俗名利之中,种种物欲利诱使得人们背弃了本心,陷入了迷乱,因而不得不花费时间来反省自身。其实,"人之初,性本善"。只要不存任何私心杂念,就根本无须反观内心。

勿待兴尽　适可而止

【原文】

　　　　笙歌正浓处,便自拂衣长往,羡达人撒手悬崖;更
　　漏已残时,犹然夜行不休,笑俗士沉身苦海。

【译文】

莺歌燕舞兴味正浓的时候,却毫无眷恋地起身离去,这种能够及时回头的人真令人羡慕啊!即使是夜深人静了,仍有些人还在不知疲倦地奔走忙碌,这些被俗事缠身、陷入苦海的人真是可悲可笑。

【赏析】

在欢娱兴浓之处,如果能够有所警醒,抽身而去,那么即使是面临悬崖绝壁也还有退路。只有那些被世俗事务苦苦纠缠不休的人才是最可悲的,他们一生都在为名利忙忙碌碌,内心从来没有过片刻的轻松自在,他们的精神世界是一片荒荒的草地。

修行绝尘　悟道涉俗

【原文】

把握未定,宜绝迹尘嚣,使此心不见可欲而不乱,以澄吾静体;操持既坚,又当混迹风尘,使此心见可欲而亦不乱,以养吾圆机。

【译文】

修身养性还未达到一定火候的时候,应当远离世俗红尘的喧嚣,使自己不被物欲所诱惑,以保持身心的纯净澄澈。品行节操非常高尚的人应当在滚滚红尘中接受磨炼,即使面对纷繁的诱惑,也能保持心智清醒,以培养自己的圆通机灵。

【赏析】

现实社会是一个大熔炉,是冶炼各种真金火石的地方。一个意志坚定的人即使是投身此中,也会丝毫无损,反而会变得坚不可摧。同时,经过这番磨炼,冷眼观得世事人情,也会使人意识到,最合理的处世方法就是保持心意不变,内藏精明,外示浑厚。而对于那些意志薄弱的人,则不适合直接接触社会染缸,必须要经过一段时间的修身养性,练就了坚韧不拔的意志之后方可任其驰骋。

人我一视　动静两忘

【原文】

喜寂厌喧者,往往避人以求静。不知意在无人便成我相,心着于静,便是动根。如何到得人我一视、动静两忘的境界?

　　喜欢安静而讨厌喧闹的人往往避开人群以求得片刻的安宁,殊不知,这种避世的举动恰恰反衬出他们过于看重自我。刻意营求内心的安宁实际就是内心骚动不安的根源。怎么能达到自我与他人合一、躁动与安静浑然两忘的境界呢?

【赏析】

　　在我们需要安宁而不可得的时候,心情就会变得异常烦躁、敏感,因而愈加注意到周围环境的细微变化。如此一来,就钻入了死胡同,仿佛时时、处处都有声响。其实,只要我们稍微分散一下精力,放松心情,就能达到久居兰室不觉其香的效果。对于人心之烦躁不安,万变不离其宗的做法就是以静制动,只要心静如水,任何搅扰对我而言都可以不攻自破。

山居清洒　入尘即俗

【原文】

　　山居胸次清洒,触物皆有佳思:见孤云野鹤,而起超绝之想;遇石涧流泉,而动澡雪之思;抚老桧寒梅,而劲节挺立;侣沙鸥麋鹿,而机心顿忘。若一走入尘寰,无论物不相关,即此身亦属赘旒矣。

【译文】

　　居住在山林岩壑之间,胸怀自然开朗洒脱,所接触到的事物都能引发人的情思雅趣:见到孤云飘荡、野鹤飞翔,就会产生超凡脱俗之想;遇到溪流缓缓、泉水淙淙,就会有洗涤一切尘世杂念的渴望;抚摸着苍劲的松柏和傲霜的寒梅,不由得激发了坚贞不屈的气节;与沙鸥麋鹿一起做伴游玩,顿时就忘却了俗世间的种种钩心斗角、尔虞我诈。如果再回到喧嚣尘世,那么无论是什么物事都与我无关了,即使是自己的身体也觉得像旗帜上的飘带一样是多余而无用的了。

【赏析】

"智者乐水,仁者乐山。"中国的山水文化博大精深,不仅仅在于山水本身的自然之趣,更在于其中倾注了中国传统士大夫的精神寄托与心灵安慰。借景抒情、咏物言志,常常使得自然之景充满了灵气和人性,于此中可依稀感受到文人士子的高尚情怀。世俗红尘中的痴男怨女虽然时常厌倦环境的鄙陋不堪,但终究难以逃脱,唯一的心灵慰藉就是山水了。

野鸟做伴　白云无语

【原文】

兴逐时来,芳草中撒履闲行,野鸟忘机时做伴;景与心会,落花下披襟兀坐,白云无语漫相留。

【译文】

兴致到来的时候,脱掉鞋子赤着脚在绿茵草地上悠闲散步,连野鸟也忘了自己该做的事情来与我做伴;面对美景而心领神会的时候,就披着衣裳独自坐在落英缤纷间,连飘浮的白云也因此而驻足,缄默不言。

【赏析】

漫步在大自然的怀抱中,触目可及皆是美好景色,呈现出的都是自然机趣。如果我们有心,那么即使是从风中颤动的一片树叶上,我们也能听到光线脉搏的跳动;即使是看到路旁开放的无名野花,我们也能感觉得到激情的涌动。如何不令人心旷神怡呢? 尤其是达到了物我交融、心领神会的境界之后,那般妙处自是无法言说。

念头稍异　境界顿殊

人生福境祸区,皆念想造成。故释氏云:"利欲炽
然,即是火坑;贪爱沉溺,便为苦海。一念清净,烈焰成
池;一念警觉,船登彼岸。"念头稍异,境界顿殊,可不
慎哉!

【译文】

人生所谓的幸福和灾祸都是由人的意念造成的。所以,佛经有云:
"强烈的物质欲望就是火坑,沉溺在追欢逐爱之中就已经深陷苦海了。
如果能够保持念头纯洁的话,那么即使是烈焰熊熊的火坑也可变为清凉
的水池;如果能够时时保持警觉,那么就有可能脱离苦海到达彼岸。"只
要有一念之差,就会进入不同的人生境界,因此我们一定要谨慎为是。

【赏析】

人生之福祸哀乐看似悬殊,其实很多时候就在一念之间。念头混浊
的,贪图名利安乐,于是为此念头所牵引,渐渐干出一些坏事恶行,最终
恶有恶报;念头清静的,无欲无求,明明白白做人,安安心心过日子,一辈
子无愧于心,求得善终。只要我们在关键节点把好关,坚定意志,就能长
享幸福,杜绝祸害。

水滴石穿　瓜熟蒂落

【原文】

绳锯木断,水滴石穿,学道者须加力索;水到渠成,
瓜熟蒂落,得道者一任天机。

【译文】

　　线绳可以把木材锯断,水滴可以把石头磨穿,潜心研习道义的人必须要努力探索;水流经过的地方自然会形成小溪,瓜果成熟之后就会自然脱落,要真正领悟道义的奥妙就要任其自然。

【赏析】

　　卡夫卡说过:"光勤劳是不够的,蚂蚁也非常勤劳。你在勤劳些什么呢? 有两种过错是基本的,其他一切过错都由此而生:急躁和懒惰。"所以说,在努力奋斗的过程中,首先要把步骤分清楚,就像你到一个地方旅行,必须先规划好行程一样。分清了步骤,就要付诸实践,勤奋是好运之母,是万物之父。

机息有风月　心达无喧嚣

【原文】

　　机息时,便有月到风来,不必苦海人世;心远处,自无车尘马迹,何须痼疾丘山。

【译文】

　　所有机巧之心全都消退的时候,就会感受到风清月朗带来的种种悠闲之趣,而不再把世俗红尘看作苦海无边。心胸豁达的人,既然不会受到车马喧嚣的干扰,那又何必躲避在幽静的山林中。

【赏析】

　　"结庐在人境,而无车马喧。问君何能尔? 心远地自偏。"客观环境的好坏并不能成为人心的主宰。只要我内心一片安宁祥和,任是"山雨欲来风满楼",也激不起我半点波澜。那些心意摇摆不定的人,哪怕是有一点听闻,也会心襟波动。所以,只要能把持己心,就随处可见风清月朗,随处可为山林幽石。

生生之意　天地之心

【原文】

草木才零落,便露萌颖于根底;时序虽凝寒,终回
阳气于飞灰。肃杀之中,生生之意常为之主,即是可以
见天地之心。

【译文】

花草树木才刚枯萎凋谢,它的根部就已萌生出了新芽。严寒凛冽的
冬天虽然已经到来了,但终究会有阳气回升、春暖花开的一天。在萧索
惨淡的环境中,却无时无刻不在孕育着化生万物的勃勃生机,由此可看
出自然天地的本心。

【赏析】

"冬天来了,春天还会远吗?"在严寒凛冽的天气中,人们并没有失
去生的希望、生的意志,为什么? 因为人们知道在白雪皑皑的地表底下
孕育着春的生机,掩藏着欣欣之气。宇宙自然,渺渺茫茫,深不可测,唯
一让人可感知的就是天地之生生不息。

雨后山清　静中钟扬

【原文】

雨余观山色,景象便觉新妍;夜静听钟声,音响尤
为清越。

【译文】

雨过之后再去观赏峰峦叠翠,愈发觉得景色迷人,清新淡雅。在万
籁俱寂之时细心聆听山寺钟声,觉得这种声响格外清越和旷远。

【赏析】

　　一阵风雨过后,世间万物都被洗刷一新,尤其是山峦奇峰愈加显得翠色逼人,美不胜收。在万籁俱寂的深夜,日间的浅吟低唱、弱管轻丝,全都荡然无存了,只有山寺古钟的声响在空山新谷中回荡,愈发令人觉得清亮辽远,引人遐思。

雪夜读书　　神清气爽

【原文】

　　登高使人心旷,临流使人意远。读书于雨雪之夜,使人神清;舒啸于丘阜之巅,使人兴迈。

【译文】

　　登临高处使人心旷神怡,临江而立使人胸臆深远。在雨雪之夜研读诗书,倍觉神清气爽;在丘陵之巅引颈长啸,更觉意兴豪迈。

【赏析】

　　"昔我往矣,杨柳依依;今我来思,雨雪霏霏。"自然景观和人的心灵有相通之处,互为映衬。那些高旷辽远、鲜明亮丽的景物能够激发人的热情,引发人的乐观向上之趣;那些阴郁沉闷的景致只能使人更加悲观失望、心灰意冷。

万钟一发　　存乎一心

【原文】

　　心旷,则万钟如瓦缶;心隘,则一发似车轮。

【译文】

　　心胸宽广的人把家财万贯视作普通瓦罐般不值一文;心胸狭隘的人

却连一根头发都看得像车轮那样重要。

【赏析】

"钱财如粪土,仁义值千金。"这只是仁人君子的看法,在那些目光短浅、气量狭小的人眼中,哪怕是一根稻草,也被视作宝贝。只有如前者般心胸豁达之人,才能大刀阔斧、有所作为;而如后者般锱铢必较之人,必定只为一己之私利而百般钻营,难成大业。

以我转物　驾驭欲念

【原文】

无风月花柳,不成造化;无情欲嗜好,不成心体。只以我转物,不以物役我,则嗜欲莫非天机,尘情即是理境矣。

【译文】

没有风清月朗、花红柳绿,就无以体现大自然的造化之功;没有七情六欲、喜好憎恶,就不能成就人的真心本体。只要我能够自如地操纵万物,而不由万物来驱使自己,那么所有的嗜好欲望就无一不显现出自然的机趣,所有的世俗尘情无一不顺理成章变为理想的境界。

【赏析】

"存天理,灭人欲"是违背人性的做法,连孟子都认为"食,色,性也"。无论是吃饭穿衣,还是七情六欲,这都是人的基本需求,关键就在于人对其是否有贪欲。如果用一颗平常心来看待,人们就会过得自在自如;如果有所贪恋,就会被物欲之累牢牢束缚,失去自然之趣。

就身了身　以物付物

【原文】

就一身了一身者,方能以万物付万物;还天下于天下者,方能出世间于世间。

【译文】

能够了却自身欲念的人才能游刃有余地驾驭万物,为我所用。不为天下之事所束缚羁绊的人才能从世俗凡间超脱出来。

【赏析】

世间万物,头绪纷杂,简直无从下手,只有一个切口,那就是自我本身。只有做到心无旁骛,无所羁绊,才能从容自如地应对各种事物,无须投鼠忌器。即使是治理天下的国君,也要能够对自身有所了悟,不能把天下视为一人之天下,应该本着天下是老百姓之天下的宗旨,才不至于成为"窃国者"。

抱身心忧　耽风月趣

【原文】

人生太闲则别念窃生,太忙则真性不现。故士君子不可不抱身心之忧,亦不可不耽风月之趣。

【译文】

人的一生过于清闲就容易滋生许多别的念头,过于忙碌又不能够体现真实本性。所以,有道德有修养的君子既要有忧时紧迫之感,又不可缺乏吟风弄月的生活情趣。

【赏析】

现代社会绝大多数人都处于亚健康状态,主要是由于压力过大、操劳过度、精神忧虑所致。我们都知道"生于忧患,死于安乐",但这是相对存在的,突破了任何一方的极限都会导致负面效应。人们要适当地调节二者,保持劳逸结合的状态。

一念不生　处处真境

【原文】

人心多从动处失真,若一念不生,澄然静坐,云兴而悠然共逝,雨滴而冷然俱清,鸟啼而欣然有会,花落而潇然自得,何地非真境,何物无真机?

【译文】

人之纯真本性的丧失大多是源于内心的躁动不安,如果没有欲念萌生,心平气和地安然静坐,心绪随着飘浮的白云四处散漫,伴着雨滴的落下而神清气爽,听到悦耳的鸟鸣之音而心领神会,眼观得落英缤纷而怡然自乐,天地之间哪一处地方不是美妙仙境?哪一种生物不蕴含着天然生机呢?

【赏析】

只有失去的东西才是最珍贵的。大多时候,人们不甘于平淡无奇的生活,于是内心就蠢蠢欲动。这种躁动的结果往往使人出现道德滑坡,触犯法律,此时才幡然悔悟:以前花鸟相伴,邻里相安的生活原来是多么可贵啊!

顺逆一视　欣戚两忘

【原文】

子生而母危,镪积而盗窥,何喜非忧也? 贫可以节用,病可以保身,何忧非喜也? 故达人当顺逆一视,而欣戚两忘。

【译文】

孩子的降临会给母亲带来生产的危险,金钱的积聚会引来盗贼的觊觎,人们为何把生子有财当成是喜事,而从不为此担忧呢? 贫穷可以促使人养成勤俭节约的好习惯,疾病可以使人息心养生,人们为何要为贫穷和疾病感到忧惧,而从不为此欣喜呢? 所以,通达之人要用同样的心境来对待顺境和逆境,达到欣喜与悲戚悠然两忘的境界。

【赏析】

世谓:"人见白头嗔,我见白头喜。多少少年亡,不到白头死。"面对同样的情景,却有迥然相异的态度:一嗔一喜。对待任何事物都要学会用辩证的眼光去分析,大红大紫未必就值得欣喜,默默无闻也不一定令人哀戚,只要站在正反两方面的角度去看待问题,就能进入一种宠辱偕忘的境界。

空谷巨响　过而不留

【原文】

耳根似飙谷投响,过而不留,则是非俱谢;心境如月池浸色,空而不着,则物我两忘。

【译文】

当狂风扫过山谷的时候,会发出巨大的声响,一旦风过之后,山谷又会归于平寂,什么也不留下。耳听他人之语如果能做到过而不留,那么人世间的是非恩怨都不会对他有所干扰。月光的清辉投洒在池面上,水中有月亮之影而无月亮之实,如果人的内心能做到这样了然无痕,就会达到物我两忘的境界。

【赏析】

"平生最爱鱼无舌,游遍江湖少是非。"人世间的飞短流长常常导致祸患百出。为人处世应当学会沉默寡言,这首先就要从耳朵上下功夫。我们每天都有可能听到各种是非之说,如若一一放之心中,则免不了祸从口出,唯有听过之后不留痕迹,才是万全之策。人之心境亦如此,虽然总会受到种种诱惑,只要意志坚定、岿然不动,照样还是不会被其束缚。

世亦不尘　海亦不苦

【原文】

世人为荣利缠缚,动曰:"尘世苦海。"不知云白山青,川行石立,花迎鸟笑,谷答樵讴,世亦不尘,海亦不苦,彼自尘苦其心尔。

【译文】

世俗凡人被功名利禄所深深困扰,动辄就说:"尘世是一个苦海。"然而,他们却忽视了尘世间有飘浮的白云、青翠的山峦,有奔腾不息的川流、兀自挺拔的岩石,有迎风展颜的花朵、婉转啼鸣的小鸟,有回应在山谷的巨响、樵夫浑厚质朴的歌声。所以说,人世间并非处处充满尘嚣,也不全是苦海,世人之苦缘于执着于物欲的劳心之苦。

【赏析】

被世俗名利缠身的人其实也觉得苦恼不已,但他并未意识到这种苦恼之根源就在于其内心。如果他自己没有贪慕名利的念头和欲望,谁能强迫他被物欲羁绊?再对比一下那些甘于平淡的人,他们可自由自在地享受天地自然的生机与美景,扪心自问,此中乐趣和彼种苦海不都是在乎人之本心吗?

履盈满者　宜慎思之

【原文】

花看半开,酒饮微醉,此中大有佳趣。若至烂漫酕醄,便成恶境矣。履盈满者宜思之。

【译文】

赏花宜在含苞待放之时,饮酒之乐在于似醉非醉之态,只有这样才能体会其中的最佳情趣。等到花开烂漫、酒醉如泥的时候,就已经陷入痛苦的境地中了。那些志得意满、处于巅峰的人尤其要慎重地考虑这个问题。

【赏析】

“功名富贵若长在,汉水亦应西北流。”自然之理是器满则溢,人满则丧。如果一味沉醉在得意之中,就会消磨人的意志,招致他人的嫉恨,只有保持谦虚谨慎,才足以任大事。

任其自然　不受点染

【原文】

山肴不受世间灌溉,野禽不受世间豢养,其味皆香而且冽。吾人能不为世法所点染,其臭味不迥然别乎?

【译文】

山间的佳肴没有经过精心的浇灌培育,野禽也没有经过世人的豢养,但它们的味道却非常香甜可口。世人如果能够不为物欲所诱惑,那他们的品位不就与别人截然不同了吗?

【赏析】

自然雨露浇灌出来的花儿是最娇艳的,自然山林培育出来的野禽是最可口的。同样,禀天性而成的人是最纯净无比的。人如果能不受到世俗名利的诱惑,就能够高雅脱俗,与众不同,保持自己独有的风格。

观物自得　不在物华

【原文】

栽花种竹,玩鹤观鱼,亦要有段自得处。若徒留连光景,玩弄物华,亦吾儒之口耳,释氏之顽空而已,有何佳趣?

【译文】

栽种花草,培植幽竹,赏玩仙鹤,细观游鱼,这些虽是风雅之举,但也要能够使人有种自得其乐的趣味。如果仅仅是停留在欣赏表面美景,把玩物华,那就像儒家所说的虚幻不实的口耳之学,佛教所指的冥顽不化,还能有什么乐趣呢?

【赏析】

日常生活的各种嗜好,比如栽花种竹,玩鹤观鱼,都要能给人增添一段生活情趣,或能缓解人的精神压力,这样才会相得益彰。如果只停留在表面的风景,或者因此而玩物丧志,都是没有领悟到真趣味,只是浪费人的时间,消磨人的精力而已。

隐于不义　生不若死

【原文】

山林之士,清苦而逸趣自饶;农野之夫,鄙略而天真浑具。若一失身市井驵侩,不若转死沟壑神骨犹清。

【译文】

隐居山村的人,虽然生活清苦但却有种悠闲自得之趣;乡间劳作的人,虽然粗野鄙陋但却保全了纯真质朴的本性。如果身处市井之中而沦为品德败坏之人,还不如身死沟壑之中而得以保全清白之名。

【赏析】

"未若锦囊收艳骨,一抔净土掩风流。"是留得清白在人间,还是臭名昭著万人骂？这是人们经常要面临的选择。自古至今,有无数的仁人志士、革命先烈,为了身负的历史使命,不惜抛却功名利禄,牺牲性命,他们是真正的"生的伟大,死的光荣"。而还有一些人却奴颜婢膝,贪生怕死,为了一己之私利弃仁义于不顾,这种人即使身着锦衣,也不过是"金玉其外,败絮其中"。

着眼要高　不落圈套

【原文】

非分之福,无故之获,非造物之钓饵,即人世之机阱。此处着眼不高,鲜不堕彼术中矣。

【译文】

不是自己理所应当得到的福分,无缘无故地有所收获,这种种情况的出现不是上天特意安排的诱饵,就是世人有意布置的陷阱。如果眼界不够高远,就很容易误入圈套之中。

【赏析】

贪便宜,占小利,是世人的普遍心理。殊不知,"贪他一斗米,失却半年粮"。从天而降的馅饼总要让人付出相应的代价。所以,面对那些意外之财、非分之福,千万不要丧失警惕,只有保持心境明亮,头脑清醒,才不会为他人所利用。

根蒂在手　不受提掇

【原文】

人生原是一傀儡,只要根蒂在手,一线不乱,卷舒自由,行止在我,一毫不受他人提掇,便超出此场中矣。

【译文】

人生就像是上演一出木偶戏,只要掌控好手中的线绳,有条不紊,就能使木偶收放自如,一切行动都在我的掌握之中,一点也不受别人的牵制,这样就能超出傀儡的命运了。

【赏析】

个体生命只不过是宇宙大地中的一颗微小尘埃,要受制于客观环境。但这并不意味着人对自身就无能为力了。人的心灵是自由的,世人只要能够把持好自己的内心,就能够活得悠闲自如。

无事为福　雄心冰融

【原文】

一事起则一害生,故天下常以无事为福。读前人诗云:"劝君莫话封侯事,一将功成万骨枯。"又云:"天下常令万事平,匣中不惜千年死。"虽有雄心猛气,不觉化为冰霰矣。

【译文】

只要有一件事兴起就会有一种弊害随之产生,所以天下之人都把平安无事当作最大的幸福。古人曾说:"奉劝世人不要念念不忘封官授爵的事,一个将军的功勋都是牺牲成千上万士兵的性命所换来的。"古人又说:"只要天下能够永远太平无事,即使是把宝剑永久地埋藏在匣子中也在所不惜。"读过这些诗句之后,即使是满腔的雄心壮志、凌云豪气,也会在不知不觉中冰消雪化了。

【赏析】

任何一件事情都是一把双刃剑,都有利弊两端,福祸相随。与其奢求利大于弊,福多于祸,不如息事宁人,减少是非。只要少一件事情出现,世间就会少一番争斗。那些想在战场上荣立功勋、马革裹尸的人也应当要虑及自己的功劳是建立在千万人的血汗之上的。也许战场上的厮杀不是由个人决定的,但人们可以尽最大力量避免战争的发生。

茫茫世间　矛盾之窟

【原文】

淫奔之妇矫而为尼,热中之人激而入道,清净之门,常为淫邪之渊薮也如此。

【译文】

淫乱放荡的妇人假装看破红尘而遁入空门,热衷名利的世人因为一时偏激而入观为道,本来是清静无为的地方,现在却成为淫荡邪僻小人的藏身之所。

在复杂万变的俗世红尘之中,很多事情我们看到的都是表象而已,与其本质相距万里。如果在我们的生活当中单凭直觉和外表去认识事物,就会不知不觉地陷入困境。这个社会是矛盾的,是多元化的,我们需要具备一定的能力来进行甄别,探其真相。

身在事中　心超事外

【原文】

波浪兼天,舟中不知惧,而舟外者寒心;猖狂骂座,席上不知警,而席外者咋舌。故君子身虽在事中,心要超事外也。

【译文】

江面上骇浪滔天,但是身处船中的人却无所畏惧,船外的人却因此而胆战心惊;席中有人破口大骂,但是入席之人却毫无警觉,席外之人反因此而目瞪口呆。所以,有修养有道德的君子虽然处在纷繁芜杂的尘世之中,却要能保持一份超然物外的心境。

【赏析】

所谓“万花丛中过,片叶不沾身”。虽然我们不能绝俗避世,但是我们可以保持一种超然物外的心态。有的时候,太执着于事情本身,反而容易陷入迷乱,变得紧张。如果怀着一种豁达的心情去处理它,容易令人保持冷静的理智。

不减求增　桎梏此生

【原文】

人生减省一分,便超脱一分。如交游减,便免纷

扰;言语减,便寡愆尤;思虑减,则精神不耗;聪明减,
则混沌可完。彼不求日减而求日增者,真桎梏此
生哉!

【译文】

　　人生如果能处处减省一分,就可多获得一分超脱之心。譬如减少交际应酬,就免去一些纷争困扰;少说几句话,就省却一些过失和指责;减少一些忧虑操心,就会少耗费一些精气元神;减少一些聪明机巧,就可保全自然本心。世人每天考虑的不是如何减省心物之累,而是热衷于每天有所增益,这真是将自己的人生葬送在枷锁之中啊!

【赏析】

　　世人都以为日有所增才是好,减少一分则会给自己带来损失,其实,对于人生而言,学会如何减省,才是最重要的。所谓:"知事少时烦恼少,识人多处是非多。"多说一句话,多动一个念头,多耍一点小聪明,也许能逞一时口舌之快,能炫耀一下自己,但最终祸患也由此产生,不可不谨慎啊!

满腔和气　随地春风

【原文】

　　　天运之寒暑易避,人世之炎凉难除;人世之炎凉易
除,吾心之冰炭难去。去得此中之冰炭,则满腔皆和
气,自随地有春风矣。

【译文】

　　天地运行所带来的严寒酷热容易躲避,但是人情冷暖却难以避免;即使人情冷暖可以避免,自己心中的欲望杂念也难以去除。如果人心中的欲望杂念消除,人就会变得心平气和,随处都会有如沐春风

的感觉。

【赏析】

世态之炎凉虽然可怖,但还有移风易俗的可能,这就需要社会中每个人的努力与奉献。只要每个人能做到以诚相待、助人为乐,我们的世界就会多一分关怀,少一分冷漠,这样点而线、线而面,终究有一天会使社会变得充满温情。

超越嗜欲　只求真趣

【原文】

茶不求精而壶亦不燥,酒不求冽而樽亦不空。素琴无弦而常调,短笛无腔而自适。纵难超越羲皇,亦可匹俦嵇阮。

【译文】

品茶如果不讲究精益求精,就可以保证茶壶永不干燥;饮酒如果不要求清香可口,就可以保证酒杯永不落空。不经雕饰的无弦之琴却能弹奏出优美的曲乐,信口吹出的短笛之音令人感到悠闲自乐。纵然难以超越伏羲上皇的清心寡欲,也可以和嵇康、阮籍的洒脱不羁相匹敌了。

【赏析】

对于物质生活的追求不要过分挑剔,一味地强调外在形式,就像写文章一样只是堆砌了华丽辞藻,空洞而言之无物。又譬如弹琴吹笛,只是人的一种消遣和兴趣而已,如果非要经过专业训练才能弹奏的话,这其中的自然之趣就大打折扣了。因而,人生最大的乐趣其实就是适志自得,不违拗本心。

万事随缘　随遇而安

【原文】

释氏随缘,吾儒素位,四字是渡海的浮囊。盖世路茫茫,一念求全,则万绪纷起;随遇而安,则无入不得矣。

【译文】

佛家讲求万事随缘,儒家讲究安分守己,无论是随缘还是守己,都是帮助人生渡过苦海的法宝。人生之路茫茫无期,只要有一个贪大求全的念头存在就会生出无限的烦恼;如果能够做到随遇而安,那么无论处在何种境地都能自得其乐了。

【赏析】

人生总有遗憾,很多时候,这种遗憾是由于过分追求完美所致。要剪除烦恼,首先就要拥有一颗平和的心,无论面临何种情况,也不怨天尤人,也不悲观失望。所以说,随遇而安、知足常乐是人生悠闲自在的最大保证。

CHONGWENGUAN

"崇文国学经典" 书目

诗经	古诗十九首 汉乐府选
周易	世说新语
道德经	茶经
左传	资治通鉴
论语	容斋随笔
孟子	了凡四训
大学 中庸	徐霞客游记
庄子	菜根谭
孙子兵法	小窗幽记
吕氏春秋	古文观止
山海经	浮生六记
史记	三字经 百家姓 千字文 弟子规
楚辞	声律启蒙 笠翁对韵
黄帝内经	格言联璧
三国志	围炉夜话